如何办个赚钱的
食用蛙家庭养殖场

◎李顺才 郑心力 主编

中国农业科学技术出版社

图书在版编目（CIP）数据

如何办个赚钱的食用蛙家庭养殖场／李顺才，郑心力主编.—北京：中国农业科学技术出版社，2015.3（2021.8重印）

（如何办个赚钱的特种动物家庭养殖场）

ISBN 978 - 7 - 5116 - 1858 - 0

Ⅰ.①如… Ⅱ.①李…②郑… Ⅲ.①蛙类养殖 Ⅳ.①S966.3

中国版本图书馆 CIP 数据核字（2014）第 241108 号

选题策划	闫庆健
责任编辑	李冠桥　闫庆健
责任校对	贾晓红
出 版 者	中国农业科学技术出版社
	北京市中关村南大街 12 号　邮编：100081
电　　话	（010）82106632（编辑室）　（010）82109702（发行部）
	（010）82109703（读者服务部）
传　　真	（010）82106625
网　　址	http://www.castp.cn
经 销 者	各地新华书店
印 刷 者	北京科信印刷有限公司
开　　本	850mm ×1 168mm　1/32
印　　张	7.875
字　　数	169 千字
版　　次	2015 年 3 月第 1 版　2021 年 8 月第 4 次印刷
定　　价	28.00 元

《如何办个赚钱的食用蛙家庭养殖场》
编 委 会

主　编　李顺才　郑心力

副主编　吉志新　熊家军

编　者　杜利强　李红强　李慧琪　肖　峰
　　　　　张　波　张　帆

前 言

　　蛙类为两栖动物，属于脊索动物门、脊椎动物亚门、两栖纲、无尾目、蛙科、蛙属。蛙的种类繁多，广泛地分布于世界各地。蛙类是农业害虫的天敌，将蛙类用于防治农业害虫，可收到明显的生态效果，既能显著增加农作物产量，又能保护生态环境。蛙类也是人们传统的肉用和药用动物。蛙肉肉质细嫩，味道鲜美，营养丰富，富含蛋白质、维生素、矿物元素和人体必需的氨基酸等，其营养价值可与鳗鲡、中华鳖等相媲美，是宾馆、酒楼常备的珍稀佳肴。林蛙雌蛙输卵管的阴干品——蛤蟆油，是名贵中药材，具有滋阴补肾、润肺生津、清神明目、健胃益肝、补虚退热之功效，可治体虚气弱、精力耗损、神经衰弱、气血不足、肺痨咳嗽、产后亏血、产妇无乳等症。棘胸蛙具有滋补强身、清心润肺、健肝胃、补虚损、以及解热毒、治疳积等功效，特别适宜于病后身体虚弱、心烦口燥者食用。但是，长期以来，蛙类一直处于自生自灭、无人管理的野生状态，近年来，由于人们需求的增加，野生蛙类资源已远远不能满足人们的需要，并有崩溃之势，于是有关科学工作者开始探索蛙类的人工养殖技术。

中国目前食用蛙产量并不多，但需求量大，发展食用蛙类养殖，既符合国家对濒危经济蛙类保护的需要，又可满足市场的需求，发展前景良好。中国广泛养殖的牛蛙，原产美国东部及加拿大，因其个体大，商品价值高，先后被引入古巴、墨西哥、日本等国。20 世纪 50 和 60 年代，中国先后从古巴、日本引入，但未饲养成功。这除与某些社会原因有关外，还与对牛蛙的习性、繁殖生态缺乏了解，技术措施没有跟上等原因有关。近年来，在有关部门的支持和科技人员的努力下，攻克了许多难关，终于获得了成功。我国于 20 世纪 50 年代即开始了中国林蛙人工养殖研究，目前已形成一套较成熟的半人工放养技术。最近十几年又陆续养殖成功了石蛙、虎纹蛙、棘胸蛙、黑斑蛙等，引种的美国青蛙（猪蛙）的养殖也取得了初步成功。此外，对许多其他食用蛙还进行了大量的习性、食性、繁殖生态等生物学特性的研究，为进一步开展人工养殖打下了基础。

为了促进我国食用蛙类养殖业的健康快速发展，满足广大生产经营者对新技术的迫切需求，我们在参考大量国内外相关文献基础上，结合有关科研成果和生产实践，精心编著了《如何办个赚钱的食用蛙家庭养殖场》一书，详细介绍了食用蛙的人工养殖关键技术，内容包括食用蛙的应用价值及市场前景、家庭养殖场的筹建、营养与饵料、动物活性饵料的采集与培育、牛蛙、林蛙、石蛙、虎纹蛙、食用蛙的病害防治、蛙场筹建的成本核算及预计收益、典型案例分析等。力求做到内容丰富翔实、浅显易懂，技术科学、实用、可操作性强，适合于食用蛙生产经营工作者、水产科技人员和农业院校相关专业师生阅读参考，也可作为实用技术培训的教材。本书在编写过程中得到许多同仁的关心和支持，引用了一些专家学者的研究成果和相关书刊资料，重庆呱呱蛙业王建先生，网友黄伟龙先生、紫笋茶、赣——养蛙人等提供了部分照片，在此一并表示感谢。在编撰过程中，虽经多次修改和校正，但因作者水平有限，时间紧迫，不当和错漏之处在所难免，诚望专家、读者提出宝贵意见。

编　者

2014 年 12 月

内容简介

　　本书介绍了食用蛙人工养殖关键技术，内容包括食用蛙的应用价值及市场前景、家庭养殖场的筹建、营养与饵料、动物活性饵料的采集与培育、牛蛙、林蛙、石蛙、虎纹蛙等的病害防治、食用蛙场筹建的成本核算及预计收益、典型案例分析等。内容丰富翔实、浅显易懂，技术科学、实用、可操作性强，适合蛙类生产经营工作者、水产科技人员和农业院校相关专业师生阅读参考，也可作为实用技术培训的教材。

目 录

第一章 食用蛙的应用价值及市场前景

第一节 食用蛙的应用价值

一、食用蛙的营养价值

据不完全统计，中国民间食用的蛙类约有10余种，常见有棘胸蛙、金线蛙、虎纹蛙、黑斑蛙、中国林蛙等。近几十年来，由于生境破坏和人类过度捕捉，导致野生蛙类资源数量锐减，虎纹蛙、中国林蛙、棘胸蛙、黑斑蛙等野生蛙类大都已列入国家"三有"保护动物名录，受到法律保护。随着国外一些食用蛙类（牛蛙、美国青蛙等）的引进和饲养，弥补了人们餐桌上的不足。食用蛙肉质洁白、脆嫩，味道鲜美，加之具有药用功效，一直是我国民间喜食的美味佳肴。据测定，食用蛙肉中含较高的蛋白质、氨基酸、不饱和脂肪酸、钙、磷、铁、硫胺素、核黄素等营养素，可谓营养丰富。与鸡、猪、牛肉相比，蛙肉具有蛋白质含量高，脂肪和胆固醇含量低等优点，是一种绿色的保健食品，营养价值可与中华鳖、鳗鲡相媲美。

▌二、食用蛙的医疗保健价值

中国利用蛙类防病治病的历史较早，如明代李时珍的《本草纲目》中就有记载。迄今，中国已有文献记载的药用蛙类有 10 余种，常见的有中国林蛙、黑龙江林蛙、石蛙、黑斑蛙等，许多种类尚有待于进一步开发利用。现代中医学认为：经常食蛙，可补中益气，壮阳利水，活血消积，清热解毒，补虚止咳。林蛙又称雪蛤，是中国独有的、药用价值极高的名贵药用动物，是食、药两用珍贵物种，林蛙油是雌蛙的输卵管，素有软黄金之称，是世界公认的滋补之王。林蛙油中含有蛋白质 56.3%，脂肪 3.5%，微量元素 4.7%，无氮浸出物 27.5%；含有人体必需的氨基酸 18 种，微量元素 20 多种；还含有促进人体增高的甲状腺素，提高人体性功能的睾酮、雌醇、雌酮等，具有润肺养阴、补肾益精、补脑益智、提高人体免疫能力、抗衰老、美容养颜等独特功效。林蛙油国际市场价格为 1 500 美元/千克，在国内外一直供不应求。近些年来，随着人们对蛙类医疗保健值认识的加深及蛙产品用途的拓宽，蛙产品的需求量迅速增长，且价格高。

第二节　食用蛙养殖业发展现状

人工养殖食用蛙有比较悠久的历史，几乎遍及世界各洲。近些年来，国际上食用蛙消费量增长快，很多国家大力发展食用蛙养殖业。牛蛙原产于美国洛杉矶以东，北纬 30°~40° 的地区，其养殖始于加利福尼亚州，至今已有近百年的历史。

美国、法国、印度、泰国、古巴、新加坡、菲律宾、巴西、日本都有专门的牛蛙养殖公司和养殖场。印度养殖牛蛙的总产值可观，1985 年蛙腿出口量达 667 吨之多；巴西"牛蛙养殖技术发展计划"使巴西成为牛蛙养殖大国，至 2000 年底圣保罗 PARAIBA 河谷养殖场年产牛蛙 150 万只；他们正在降低销售价格，鼓励巴西人食用牛蛙。

我国内地人工养殖食用蛙始于 20 世纪 50 年代末，1959—1963 年牛蛙曾多批引进我国，并先后在 20 个省市进行养殖试验，但大多未成功。少数单位，如厦门水产研究所养殖较好。20 世纪 50 年代也开始了珍稀物种——中国林蛙人工养殖研究。从 20 世纪 80 年代初起，食用蛙类作为一种新型养殖对象在国内兴起，养殖种类与产量不断增加，除早年引进的牛蛙外，1987 年广东引进了美国沼泽绿蛙（简称美国青蛙），另外，我国优良的地方蛙类也开始了人工养殖（如黑斑蛙、虎纹蛙、棘胸蛙、林蛙等）。1994 年，湖南省的牛蛙养殖规模了高峰，年产商品蛙 7 000 余吨。一大批教学科研单位经过几十年的参与，研究了食用蛙的习性、食性、繁殖生态等生物学特性，为进一步开展人工养殖打下了基础，使食用蛙养殖技术不断完善。迄今，这一新型养殖业由南向北迅速扩展，养殖方式有自然放养、稻田养殖、池塘养殖、庭院养殖、集约化高密度养殖和利用温泉、工厂余热控温养殖等多种，已有较多的养殖专业户出现，有的在发展横向联合，形成规模经营。就全国而言，我国的蛙类养殖业已开始向集约化、规模化、商业化的方向发展。

第三节　食用蛙养殖业的发展趋势

■ 一、发展生态养蛙

　　20 世纪 90 年代以来，随着人们对蛙产品需求量的增加，一些传统农户小规模散养开始逐步向集约化、工厂化发展，饲养规模逐渐扩大。工厂化的规模养殖方式充分利用了养殖空间，能在较短时间内饲养并出栏大量的食用蛙，能够较好地满足市场对蛙产品的需求；还可获得较高的经济效益，但蛙肉的口感较差。因此，现代生态养蛙作为一种新的养殖模式应运而生。根据食物链原理，开展立体生态配套养殖技术，生产昆虫活饵料，成本低效益高，可操作性强，既为蛙养殖解决了食物问题，又调整了蛙所需的营养结构，解决了饲养蛙饵料单一的问题，降低了养殖成本，提高了蛙的免疫力、抗病能力和存活率。在蛙场种植牧草、植物，牧草、植物喂畜禽，用畜禽粪便育昆虫（如黑粉虫、黄粉虫、蚯蚓、无菌蝇蛆、鼠妇等），用昆虫喂蛙，养殖成本低而效益高，实现了良性循环，充分利用了自然资源，增强了蛙机体抵抗力及免疫调节能力，提高了肉品质和风味，较好地满足了消费者的需要。经过近年来的养殖实践和饲养经验，基本形成了一套生态立体养蛙的模式，克服了全人工饲养过程中存在的许多问题，解决了如光照、温度、氧气、湿度的调节，蛙生存场所的净化，蛙代谢废物的处理，高密度状态下小范围圈养蛙运动代谢，蛙的安全越冬，驯化种蛙的繁育，喂养蛙所需活

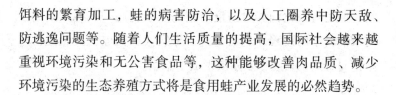

饵料的繁育加工，蛙的病害防治，以及人工圈养中防天敌、防逃逸问题等。随着人们生活质量的提高，国际社会越来越重视环境污染和无公害食品等，这种能够改善肉品质、减少环境污染的生态养殖方式将是食用蛙产业发展的必然趋势。

二、养蛙讲营养

根据蛙的消化生理特点配制日粮，科学饲喂，能提高蛙的生长速度和饲料转换效率，降低饲养成本，已成为业内共识。

三、重视良种蛙的引种与培育

良种是蛙业生产的基础。近年来，随着养蛙业的蓬勃发展，有关单位加快了食用蛙的良种引进与培育工作的步伐，如 20 世纪 80 年代末开始从美国引进美国育蛙（简称美蛙），进行人工养殖，经各地试养，美蛙能较普遍地适应我国的水土气候。目前，已成为我国最主要的养殖食用蛙之一。

四、注意蛙病防治工作

随着养殖规模扩大，蛙病已成为制约蛙业发展的重要因素，其主要原因：一是种蛙来源分散，品种不一，消毒不严，孵化、运输过程导致疫病传播；二是疫苗供应短缺；三是千家万户的分散饲养条件差，防疫意识淡薄，未采取必要的防疫、免疫措施，为疫病的控制带来了难度，极易引发大的疫情；四是规模化饲养对防疫措施的要求更高，一些养殖场没有按照科学防疫程序进行管理，导致大群饲养交叉感染，这些都对蛙业的持续稳定发展形成了隐患。

五、生产安全优质蛙产品

随着经济和市场的全球化格局的形成，对无污染、无残留、无疫病、优质而有营养的蛙产品的需求必将日益增加。因此，应将蛙产品质量定位为有机食品，建立与国际接轨的肉类食品质量安全控制体系，进一步提高加工产品的卫生质量，推广 HACCP 体系，做好质量认证和品牌标识，提高深加工产品比例，生产出量多质优的蛙产品，占领国内外消费市场。只有加快这方面的进程，才能确保中国养蛙业生产的健康可持续性发展。例如，以林蛙养殖、林蛙油等产品开发、加工为主的林蛙产业在东北地区迅速发展并已初具规模，成为发展地方经济的重要支柱产业之一。"林蛙油胶囊"、"林蛙油冲剂"、"林蛙油活性粉"、"林蛙高蛋白钙粉"、"林蛙油护肤品"等林蛙系列产品数十种，一些产品已打入国际市场。多年来，林蛙产品一直畅销于中国台湾省、香港等地区，以及日本、新加坡、韩国、泰国、马来西亚等许多国家，市场销售量呈上升趋势。

第四节　食用蛙的市场前景

目前，国际蛙肉市场逐渐形成了东（美国—法国—德国—瑞士—荷兰）、西（日本—新加坡—马来西亚）两个消费市场。以牛蛙为例，法国年销量大于 4 000 吨，美国约 2 000～3 000吨，但主要蛙肉消费国能生产蛙肉的国家很少，能出口的则更少，所以目前国际市场上蛙肉非常紧俏。我国是一个消费蛙肉的大国，国内市场潜力巨大。早些年人们喜欢吃野生蛙，但为了更好地保护野生蛙资源，维持生态平衡和良好的农田环境，有关国家都出台了保护野生蛙的法律、法规及规定，并制定了对非法猎捕野生蛙的处罚条款，增加了禁止非法捕杀、买卖野生蛙条款。这样就使人工养殖食用蛙的市场进一步扩大，人们由吃野生蛙改吃人工养殖的食用蛙。就四川成都市场而言，每天要消化 6 吨以上的美国青蛙，市场需求量大。现在国内各地酒店、餐馆的食用蛙的菜肴不下 100 余种；同时，还可出口到中亚、欧美、日韩、俄罗斯等国家，可见食用蛙需求量相当大！由此可见，养蛙业的发展可以优化食品结构，提高肉类品种和质量，并开发出许多高档产品繁荣市场。保健食品是我国的特色食品，我国以动植物入药已有几千年的历史，以"药食同源"、"以内养外"、"内外双修"、"标本兼治"为理论基础的保健食品是我国特有的产业，是真正民族性的东西。资料表明，近 20 年来，我国城乡保健品消费支出的增长速度为 15%～30%，远远高出发达国家13%的增长率。相信随着人们对食用蛙产品保健价值认识的加深，蛙产品的需求量迅速增长。

　　食用蛙人工养殖乃至产业化发展是大势所趋，我国的蛙产品消费市场有着巨大的发展空间和潜力。可以预见，在不远的将来，国内会出现技术垄断型的大型蛙类养殖及综合利用企业，其将占据大量的市场份额，而技术薄弱的小型蛙类

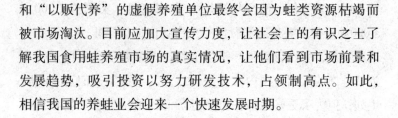

和"以贩代养"的虚假养殖单位最终会因为蛙类资源枯竭而被市场淘汰。目前应加大宣传力度，让社会上的有识之士了解我国食用蛙养殖市场的真实情况，让他们看到市场前景和发展趋势，吸引投资以努力研发技术，占领制高点。如此，相信我国的养蛙业会迎来一个快速发展时期。

第二章　食用蛙家庭养殖场的筹建

从宏观上讲，养好食用蛙要做好三件事：养殖场的规划建设、种蛙的引进和科学的饲养管理。合理规划建设好养殖场是发展食用蛙养殖生产的关键之一，它直接关系到食用蛙养殖的成败。

第一节　场址选择

选择好适当大的食用蛙养殖场场址，是建场前的一项重要工作。场址选择要根据食用蛙的生活习性要求，饵料生产条件，并结合气候条件、经济条件和饲养规模、养殖目的而定。良好的场地和合理的布局应保证食用蛙有适宜的栖息地、活动场所和安静的环境，保证有适宜的温度、湿度和弱光线，方便投饵和打扫清洁，能有效地防止食用蛙外逃，防止食用蛙的病虫害及天敌的危害，便于合理组织生产，提高设备利用率和劳动人员的劳动效率。

一、环境

食用蛙养殖场要求较为苛刻的环境条件，由食用蛙的野生性、水陆两栖性、变温性及特殊食性等生活习性等生态保守性所决定。养殖场应建在靠近水源、排灌方便、避风、向阳、安静，草木丛生、浮游动植物繁多、利于昆虫的滋生、更利于食用蛙栖息的环境中。养殖场应选择环境幽静的地方，注意远离工厂、村庄、公路、集镇等噪声大、干扰多的地方。工厂、铁路或公路交通干线等人类活动频繁、声音嘈杂、振动严重的地方不利于卫生防疫，会严重影响蛙抱对和排卵，故不宜选为食用蛙养殖场场址。应特别注意从空间上避开食用蛙的天敌，以免遗患无穷。例如，村庄附近的小河旁、池塘（边）、湖泊或水库的周围以及山脚下的溪流旁等，均为理想的建场环境。食用蛙养殖场场地至少要高于历史洪水的水线以上，其地下水应在 2 米以下，以避免强降雨产生的洪涝及洪水威胁。场地要平坦稍有坡度，以防积水泥泞。要特别远离污染（如化工厂、屠宰场等），有利于食用蛙的生长发育和繁殖，同时要便于养殖场人员管理及相关物资进出，设备要能满足生产要求，并充分考虑到扩大生产规模的需求。

对于仿自然生态系统的场地选择，总的要求是要确保经济蛙类能在其中正常地生长发育，并且易于捕回。因此，放养场地食物群落要丰富，有充足水源，良好的遮阳条件（即植被良好或设置一些遮阳棚），如中国林蛙的放养场要求山上森林有一定的面积，而且要求林木要有一定的高度和密度，树龄 15～20 年，树冠能够相互遮蔽，林下没有直射光线，其次是森林中要有常年性或季节性河流溪水，距水源 1 000～2 000 米是阔叶林或针阔混交林，以利控制林蛙的活动范围。此外，林下还要有较厚的枯枝落叶层，这一方面可以为中国林蛙提供生活于枯枝落叶层中的甲虫类、蜘蛛类、弹尾类、蜗牛等小动物；另一方面为林蛙提供了安全的栖息场所，从而减少天敌的危害。

二、水源与排灌

食用蛙是两栖动物，喜潮湿，产卵、孵化以及蝌蚪的生存完全离不开水，所以养殖场地必须建立在水源充足的地方。水质的好坏直接关系到卵的孵化、蝌蚪的生长发育及变态。一般泉水、江河湖泊水、溪水、塘水均可。最好是江、河、湖泊或者水库，因为其水体较大，变化幅度较小；其次地下水也常用，但有些地方地下水的碱度太大，对食用蛙影响大。因含有超过食用蛙耐受极限的氯离子，用自来水养食用蛙会导致死亡。如果一定要用自来水，必须除去水中氯离子。无论哪种水源均要求水质良好，透明、无色、无味，水质标准可参照渔业用水标准，一般溶氧量应在 3.5 毫升/升以上，pH值在 6.8～8.0，盐度最好不要高于 2‰。江河、水库、湖泊、坑塘之水，虽然含氧量高、浮游生物多，但易受各种废物的污染，此类水源最好先引入贮水池内，加入适量漂白粉，可以增加水温和溶氧量，还可起到净化水的作用，除去水中的杂质、病毒、病菌、寄生虫等。山泉水和井水含可溶性盐类较多而污染少。井水和自来水则需要在贮水池内经过日照增温和曝气增氧后才能作为养殖用水，以保证一定的水温和溶氧量，光照时间的长短取决于气温的高低，以达到养殖所需要的水温范围为宜。为了监测水质，可在贮水池中放养一些蝌蚪，经常观察蝌蚪的活动，发现蝌蚪异常时，立即停止供水并检测，经过处理证明无毒害作用后，才能继续供应使用。

另外，农田水多受化肥、农药污染，应禁止使用。被屠宰场和工矿废物污染的水绝对不能作为养殖场的水源。

养殖场水的排灌也很重要，如干旱时的供水，暴雨成灾时的排水。养殖池水的注入与排出等均需要有一定的保障。养殖池的水位应能控制自如、池水更换排灌方便。养殖场宜建在暴雨时不涝不淹，干旱时能及时供水，水源及水质有保障的地方。如果养殖场的用水和农田灌溉系统相联系，一要注意水源的污染问题，二要考虑两者是否矛盾，并做好相应准备，以免在天旱或排涝时两者不可兼顾而带来不必要的损失。

三、土质

一般养殖场的土壤要求保水性强，以黏质土或壤土、沙质土为宜。食用蛙养殖场最好建在黏质土壤上，这样建场的养殖池不必设置防水渗漏的设施，就有较理想的蓄水效果。对于渗水较快的土壤，食用蛙养殖场地上需要经常喷水，修建养殖池时，池底要铺垫厚的塑料布，上面垫20～30厘米厚的三合土（沙、石灰、土的混合物），夯实三合土后，上面还要垫些松土，池壁四周可砌上单层砖，也可圈围塑料布。这种方法建成的养殖池，可减少水的渗漏，增加保水功能。条件允许时还可建成保水性能好的水泥养殖池。

四、饵料供应

食用蛙养殖场应建立在饵料丰富的地区，以便能诱集昆虫，供应浮游生物、螺类、黄粉虫等饵料；或者在该地区有丰富而廉价的生产饵料的原料及土地，如附近有供应畜禽粪的牛场、猪场、养禽场和排出畜禽水产品下脚料的食品加工厂等，以便为养殖池培育浮游生物，养殖蚯蚓、蝇蛆以及生产人工配合饵料。当然，对食用蛙进行饵料驯化，最终使用人工配合饵料是解决食用蛙饵料保障的根本途径。

五、社会经济状况

良好的交通条件可保障供给品的购运和产品的销售，而方便快捷的通信利于日常管理和信息的捕获，从而在市场中获得较好的经济效益。有一定规模的养殖场，其种源、产品、饵料的运输量较大。养殖场应选择交通便利，运输畅通无阻的地方。为便于卫生防疫工作，养殖场一般要建在距村庄、居民生活区、水产品加工厂、水产品市场、交通主干道较远的位于住宅区下风方向和饮用水源下方的地方，距离居民区及主要交通道路500米以上，距离次要道路100米以上。食用蛙生产过程中安装诱集昆虫的诱虫灯、排灌及换水、饲料加工等都离不开电力，养殖场应建在电力充足之处，否则应自备发电机或柴油机作为动力。

第二节　食用蛙养殖场布局

一个完整的养殖场，首先应建造围墙和大门，要有相应的福利设施及加工场舍、仓库、排灌系统等，此外，要建造各种养殖池，准备陆地活动场所和越冬场所。合理规划食用蛙养殖场和配置建筑物，是建场前的一项重要工作。在选定场址之后，就需要根据养殖场的近期或远景规划，依据利于生产和防疫、节约用地、便于生活管理与运输等原则，考虑当地气候、风向、地形地势、养殖场建筑物和设施的大小，合理规划全场的道路、排水系统、场区绿化等，安排各功能区的位置及每种建筑物和设施的位置和朝向。在建设规模（总面积）条件下，养殖场的各类建筑大小、数量及比例必须合理，使之周转利用率和产出达到较高水平。具体规划设计时，可以根据具体情况，如养殖目的、资金多少、场地等情况来确定规模。

第三节　食用蛙养殖池的建筑形式

食用蛙养殖池根据用途可分为种蛙（产卵）池、孵化池、蝌蚪池、幼蛙池、成蛙池等。种蛙池又叫产卵池，用于饲养种蛙和供种蛙抱对、产卵。孵化池是专用于受精卵孵化，也可用孵化网箱、孵化框、水缸和水盆等作为孵化工具。蝌蚪池，供蛙变态期培育蝌蚪用，也可兼作产卵池、孵化池。幼蛙池供培育蛙幼蛙用。成蛙池又叫商品蛙池，供食用蛙育成用。养殖池结构按用料可分为土池和水泥池两种，不论何种结构，建池时都要考虑防逃、易捕、进排水方便 3 个原则。养殖池根据当地情况可建成地上池、地下池或半地上池。

第四节　食用蛙养殖池建设要求

各种养殖池均应有通向水源或贮水池的专用可控水流管道，均需设计建造进水孔、出水孔、溢水孔。进水孔设在池

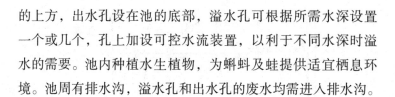

的上方，出水孔设在池的底部，溢水孔可根据所需水深设置一个或几个，孔上加设可控水流装置，以利于不同水深时溢水的需要。池内种植水生植物，为蝌蚪及蛙提供适宜栖息环境。池周有排水沟，溢水孔和出水孔的废水均需进入排水沟。

一、种蛙（产卵）池

蛙抱对时要求环境安静，产卵池宜建在养殖场中较为僻静的地方。种蛙池可采用土池或水泥池，如果进行人工催产，为避免人员下池活动造成水质混浊，影响孵化，最好采用水泥池。若采用自然产卵繁殖，则使用土池比较合适。如果选用养鱼池等作为产卵池，在放进种蛙之前，要彻底清池，清除野杂鱼和其他两栖类动物等。种蛙（产卵）池大小依据养殖对象的生态要求和养殖场规模来定，一般占有养殖场面积的 0.5% 左右。实践表明，牛蛙、美国青蛙在小水泥池中不能产卵（图 2-1）。

种蛙抱对、产卵需要较大的活动空间（主要是水面）；面积过小时，水体易变质，也不利于种蛙的游泳。所以，种蛙池面积要大，但过大会造成场地的浪费，也不利于卵块的收集。具体设计、建筑种蛙池时，其面积要根据养殖生产规模、便于观察和操作等因素综合考虑，一般为 20～30 平方米较为适宜（至少要保证每对种蛙占有 1 平方米左右的水面）。种蛙池的四周筑成斜坡，池底以高低不平较好，周边浅水区 5～15厘米（占水面面积的 1/3）为宜，深水区深 50～80 厘米，形成四周浅、中间深的水体结构；浅水区用于产卵，深水区用

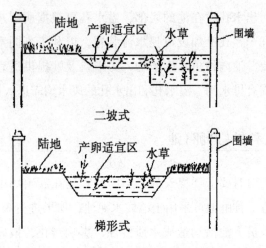

二坡式

梯形式

图 2-1 种蛙池

1. 围墙 2. 陆地 3. 产卵适宜区 4. 水草

于种蛙游泳。池内种植一些水生植物，如金鱼藻、轮叶黑藻、水浮莲和风眼莲等，用于净化水质，便于种蛙隐蔽栖息，以及使产出的卵能附在水生植物上而浮于水面，不至于沉底孵，同时也便于收集卵块。

为满足种蛙的生活需求，养殖池的四周需留有一定的陆地供种蛙活动，池四周留有陆栖活动场所与池水面积比为1：1左右。也可在池中建一小岛，作为种蛙取食和栖息之地。池边应建造一些洞穴，以利于种蛙栖息、藏身和越冬。陆地场所或水池内要设置饵料台，并加设诱虫灯诱虫，搭建遮阳棚。陆地场所应种树植草、种菜，以遮阳保湿。产卵池的进水孔、出水孔和溢水孔都要有目较密的铁丝网，以防流入杂物或蝌蚪随水流走。种蛙池与其他养殖池要用御障隔离，也可在四周加圈网，以防种蛙逃逸和敌害侵入。规模较小的养殖场也可以不设立专门的产卵池，而以成蛙池代替。

二、孵化池

食用蛙对受精卵无保护行为，其受精卵较小，在孵化期间对环境条件的反应敏感，容易被天敌吞食。为提高受精卵的孵化率，宜设置专门的孵化池。孵化池有土池和水泥池两种。实践证明，土池常使下沉的卵被泥土覆盖而使胚胎窒息死亡，而且难以彻底转移蝌蚪，使用效果较差。因此，孵化池最好建成水泥池。如果用土池，池底的淤泥要铲除，再铺上 5～10 厘米厚的清水砂。孵化池应尽量与种蛙池和蝌蚪池相近，以便转池。养殖规模较小时，也可用塑料桶代替。

孵化池面积不必太大，一般 1～2 平方米。养殖规模较大时可连接数个池子，以便按不同产卵期（相差 5 天以上）分池孵化。池壁高 60 厘米，水深 15～30 厘米，要求池壁光滑（最好用瓷砖贴面），不渗水，有一定坡度。孵化池的两端应设进水孔和排水孔，进水孔和排水孔相对成直线，排水孔用直径 3 厘米的 PVC 塑料管，在其两端均安上同一规格的塑料弯头与池底桶出水管相衔接，并套上过滤筛绢，防止蝌蚪流出或敌害侵入。利用进水孔和出水孔可保证池内水有流动性，一方面增加水内溶氧量，提供胚胎发育所需氧气，提高孵化率；另一方面可保水质清新。流动水最好是经过日照和曝气的水，以保证孵化温度恒定。池内种养水草，供孵出的蝌蚪附着和栖息。若在孵化池中续养蝌蚪，还要设置饵料台，饵料台的大小以占 1/4 水面为宜，浸入水面 5 厘米左右。在孵化时，孵化池上方宜设置遮阳棚。水面上放些浮萍等水草，将卵放在草上既没入水中，又不致使卵落入池底而窒息死亡；同时，有利于刚孵出的蝌蚪吸附休息。也可以在离池底 5 厘米处搁置每平方厘米 40 目的纱窗板，使卵在纱窗板上方，不沉入池底。

小型养殖场，为节约和充分利用场地，可在产卵池内设立孵化网箱。网箱用 40~80 目的筛绢布或棉纱布。孵化箱为敞口型，底面积 1 平方米，箱体高 60 厘米。孵化箱要用钢筋焊成和网箱大小相同的框架固定和支撑，漂浮在水池中即可。

三、蝌蚪池

食用蛙养殖场具体建筑蝌蚪池的数量和每个池的大小应根据养殖规模而定（图 2-2）。小规模养殖时，可继续在孵化池内饲养。大规模养殖时，需将蝌蚪分级分群饲养，需要有专门的蝌蚪池用于饲养蝌蚪。分级分群饲养也有利于蝌蚪的生长发育。蝌蚪池一般采用水泥池，也可用土池。土池养殖蝌蚪要求池埂坚实不漏水，池底平坦并有少量淤泥。土池一般具有水体较大、水质比较稳定、培育出的蝌蚪较大等优点；但管理难度大，敌害多，蝌蚪成活率较低。为了便于统一管理，几个蝌蚪池可集中建设相同宽度的水泥池数个，在同一地段毗邻排列，利于捕捞和分群管理。

蝌蚪池大小以 5~20 平方米为宜，长形或方形皆可；池深 0.8~1 米，为便于蝌蚪吸附其上休息和蝌蚪变态后幼蛙登陆，池壁坡度宜小，一般 3∶10 为宜。分设进水孔、排水孔和溢水孔。排水孔设在池底，作换水或捕捞蝌蚪时排水用。

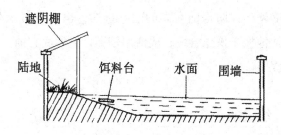

图 2 - 2　蝌蚪池

溢水孔用以控制水位。进水孔在池壁最上部。进水孔、溢水孔和排水孔都要在孔口装置丝网，以防流入杂物或蝌蚪随水流走。蝌蚪池水深不宜过浅，以防太阳照射后水温过高，造成蝌蚪伤亡，一般 20 ～ 30 厘米。初始时，蝌蚪浮游能力差，池水浅利于呼吸氧气，随着蝌蚪长大逐渐增加水深，可增加游动空间。如果不是缓流水，每天换水一次，每次换掉池水的 1/5 ～ 1/3，加换的新水要富含浮游生物，水温差不大于 2℃。蝌蚪池中放养水浮莲、槐叶萍等水生植物，放置浮板或建突出于水面的石台，以便于蝌蚪休息或变态后的幼蛙栖息，否则刚变态的幼蛙会因无法呼吸而死亡。

　　池周围也可留出一定面积的陆栖场所，与水面面积比为 1：1，以利于变态后幼蛙上岸活动和休息。炎热多雨季节，可于池的上方搭建遮阳篷，防止太阳强晒和雨大积水外溢。池中设置数个饵料台，台面低于水面 5 ～ 10 厘米。池中央高于水面 20 ～ 30 厘米安装诱虫灯，昆虫落浮于水中供蝌蚪及变态后的幼蛙捕食。气候多变季节，可在池上方搭建大棚，以防风、雨或寒流的侵袭。在蝌蚪变态为幼蛙之前，在池的四周或一边的陆地上用茅草、木板覆盖一些隐蔽处，或用砖石或水泥建造多个洞穴，让幼蛙躲藏其中，以便于捕捉。在池周围加圈网，以防提前变态的幼蛙逃逸，也可设置永久性御障。水泥池便于操作管理，成活率较高，但池底宜铺一层约5厘米的泥土。

四、幼蛙池

幼蛙池用于养殖由蝌蚪变态后 2 个月以内的幼蛙。幼蛙池可采用土池或水泥池。土池面积较大，底有稀泥，难以捕捞，是其缺陷；但造价低，虽使用效果不及水泥池，但仍有可取之处。幼蛙个体小，活动量小，抵抗敌害的能力较差，一般采用小面积的水泥池培育，这样便于捕捞、分类和清池。个体较大的幼蛙也可用土池培育。幼蛙池也可根据需要建数个，以便按大小分养，从而避免幼蛙出现以强欺弱，以大吃小的现象。

幼蛙池面积不需太大，以免在选择大小和转移等操作困难。一般采用长方形，面积 20～30 平方米。池壁坡度 3∶10，池底放 10 厘米的沙，池中种养水草。每个幼蛙池都要设置灌水、排水孔，以便控制水位。池中铺设大小鹅卵石，形成石隙和垒叠露出水面部分可供幼蛙栖息。幼蛙池水深开始时以 15 厘米为宜，随着蛙的长大，水深逐渐增加，最深可达 60～80 厘米。幼蛙吃活饵，在池中应设饵料台或陆岛，其上种一些遮阳植物或搭棚遮阳，供幼蛙索饵、休息。池中陆岛上还可架设黑光灯诱虫，以增加饵料来源。幼蛙池周围还应设置高 1 米左右的御障，以防幼蛙逃逸。池与陆地面积比为 3∶2。

陆地活动场所种植草坪，供幼蛙索饵、休息、活动。

五、成蛙池

　　成蛙池是食用蛙养殖场的主要部分，其大小、排灌水、适宜生态环境的创造等可与幼蛙池相仿（图2-3）。但成蛙个体大，又具有喜静、喜潮、喜暗、喜暖等习性，在建池面积、陆地活动场所上可较大些。为防止蛙间以强欺弱，相互残伤，影响整齐度，规模较大的食用蛙养殖场成蛙池数目要依实际需要而定。根据需要可多建几个成蛙池，将不同大小、不同用途的成蛙分池饲养。一般成蛙池为宽2米左右的长条形泥池，水池与陆地间隔排列，单池面积一般为20~50平方米，池深0.7~1米，池底坡度比1：2，水深20~50厘米（冬季能达80~100厘米），池底铺10厘米厚的沙，池内种养水草；水面与陆地面积比3：2，陆地上要种树和草坪，搭遮阳棚并建多孔洞的假山以供蛙栖息，安装诱虫灯招引昆虫。为强迫成蛙索饵，可取消陆岛，以饵料台代替。成蛙池四周要设立防止蛙逃逸的御障，其高度为1.5米左右。

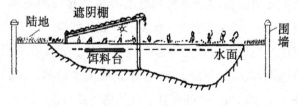

图2-3　成蛙池

　　集约化成蛙池（图2-4）主要由围墙及饵料台两部分组成，通常为长方形，面积从数平方米至几十平方米不等，一般不宜过大，但应有大有小，以便于分级饲养。围墙为砖石结构，表面用水泥抹光；或砌半高墙后，用拦网防逃，墙高自饵料台起高 1.5 米。饵料台占蛙池面积的 3/4 左右，水面占蛙池实际面积的 1/4。饵料台周围有 1 条高约 2 厘米的环边，以使饵料台面能保持 2 厘米的水，台面向一边倾斜，以便于冲洗清洁。在饵料台与池墙之间设水沟，沟底向排水管方向倾斜，沟深 25 厘米，上宽约 30 厘米，底宽约 20 厘米。与饵料台等高处，另开 2 个溢水孔，以保持池水的稳定。成蛙池若建在室外，需要建遮阳棚。

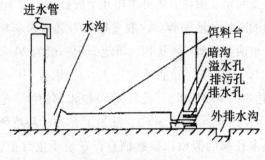

图 2-4 集约化成蛙池

以上介绍了食用蛙养殖场各类养殖池建筑的基本要求。对规模较小的养殖场可以一池多用，如幼蛙池、成蛙池和种蛙池可以互相代用。但是为避免蛙自相残食，要将不同大小的蛙分池饲养。对于规模较小，或是庭院少量养殖蛙，也可以只建一个成蛙池，让蛙在其中自然地生长和繁殖。

第五节 食用蛙养殖池的消毒和清洁

种质、营养、环境是决定食用蛙养殖成败的三大要素，所有技术管理措施都围绕该 3 个环节进行。养殖池是食用蛙栖息的场所，也是病原体滋生的场所。养殖池环境是否清洁，直接影响到食用蛙的健康。无论是蝌蚪、幼蛙、成蛙，在放入养殖池之前，均要对养殖池消毒。

一、水泥池的处理

老的水泥池不能出现破损、漏水现象，使用前需消毒处理。新建水泥池不能直接用于蛙的养殖，这是因为新建造的水泥池含有大量的水泥碱，会渗出碱水，增加 pH 值（碱度增加）；而且新建水泥池的表面对氧有强烈的吸收作用，降低水中溶氧量。这一过程会持续较长时间，会使池水不适于蛙的生长。所以，凡是用水泥制品新建的养殖池，都不能直接注水放养蛙，必须经过脱碱处理后经试水确认对蛙安全后方可使用。否则，会使蛙受害，导致死亡。目前，水泥池常用的脱碱方法有以下几种。

（1）过磷酸钙法　新建水泥池内注满水，按每 1 000 千克水 1 千克的比例加入过磷酸钙，浸 1 ~ 2 天，即可脱碱。

（2）酸性磷酸钠法　新建水泥池内注满水，每 1 000 千克水中加入 20 克酸性磷酸钠，浸泡 1 ~ 2 天，更换新水后即可投放种苗。

（3）冰醋酸法　新建水泥池，用 10% 的冰醋酸洗刷水泥池表面，然后注满水浸泡 1 周左右，可消除水泥池碱性。

（4）水浸法　新建水泥池内注满水、浸泡 1 ~ 2 周，其间每 2 天换一次新水，使水泥池中的碱性降到适于食用蛙生活的水平。

（5）漂白粉法　在新建水泥池中注入少量水，用毛刷洗刷全池各处，再用清水洗干净后，注入新水，用 10 毫克/升漂白粉溶液泼洒全池，浸泡 5～7 天。

（6）薯类法　小面积的水泥池急需使用而又无脱碱的药物，可用甘薯（地瓜）、土豆（马铃薯）等薯类擦池壁，使淀粉浆黏在池壁表面，注入新水浸泡 1 天便可起到脱碱作用。

经脱碱处理后的水泥池，是否适于饲养食用蛙，可通过 pH 试纸测试，水的 pH 值为 6.0～8.2 时为宜。水泥池在使用前必须洗净，然后注水，在池内先放入几尾蝌蚪或蛙，一天后，确无不良反应，方可正式投入使用。

二、土池的处理

新开挖的池塘要平整池底，修整池埂，使池底和池壁有良好的保水性能，减少池水的渗漏。池塘使用过程中，各种害虫、野鱼等容易进入，致各种敌害大量繁殖。同时，池底沉淀的残饵、杂物及污泥会促使病原菌繁殖、生长。特别是在夏季水温较高，池塘内的腐殖质急速分解消耗氧气，使池水缺氧，并产生有害气体（如二氧化碳、硫化氢、甲烷），这些因素严重影响食用蛙的正常生长发育和繁殖。另外，旧池塘，难免发生塘梗坍塌损坏、进出水孔阻塞等情况，易导致食用蛙从坍塌缺口逃逸。所以，旧池塘的检查、修整、清除淤泥、晒塘和消毒是土池养蛙不可缺少的重要一环。冬季，先放干塘水，挖出池底过多的淤泥，堆在塘坎坡脚，让烈日暴晒 20 天左右，使塘底干涸龟裂，促使腐殖质分解，杀死有害生物和部分病原菌，经风化日晒，改良土质。同时要加固整修塘基，预防渗漏。暴晒并清除淤泥后，消毒，常用生石灰、茶枯、漂白粉等消毒。待毒力消失后，方可放养食用蛙。毒力是否消失，可试水确认。试水的方法是，在消毒后的池子内放一只小网箱或箩筐，先用几条试水蝌蚪或成蛙放存试养。也可将蝌蚪或蛙直接放在池中试养，观察有否不良反应。如果在 24 小时内生活完全正常，即可大批放养。如果 24 小时内仍然有试水的蝌蚪或成蛙死亡，则说明毒性还没有完全消失，这时可以再次换水后 1 ~ 2 天后再试水。

三、移植水生植物

目前，土池、水泥池、池塘、稻田和在池塘、稻田中设置专用网箱养殖食用蛙正在各地悄然兴起。然而许多养殖户却忽略水生植物栽培，影响食用蛙生存水体，而造成养殖失败。

根据水草在食用蛙养殖中所起作用，人工移植的水草应具有耐炎热和低温；水上枝多叶茂、直立或匍匐状；水下根茎繁密，且纵横生长；根茎、枝叶光滑；吸污净化水质功能强；繁殖快，易移植等特点。常见的有水花生、水葫芦、油草等，其中以水花生为首选，若冬季深水配以油草，则食用蛙越冬更佳。

第六节　食用蛙的越冬场所

食用蛙多选择在避风、避光、温暖、湿润的地方冬眠，如洞穴、淤泥中及可供藏身的石块、土坯、木板和草垛下。

一、食用蛙越冬场所的要求

食用蛙冬眠需具有两方面的条件：一是外部因素——适合的温度；二是内部因素——生理上新陈代谢变慢而产生一系列生理变化。冬眠时，只有稳定在一定的温度范围食用蛙才能安眠，能否给其提供一个合理的冬眠温度是蛙冬眠成功与否的关键。冬眠时，不能让食用蛙太冷，因为这样会引起冻僵直至死亡。但温度升到超过一定范围同样不妥，因为这样食用蛙就失去冬眠的外因，内因也就会引起变化。所以，人工设计越冬场所时，让越冬场所温度尽量稳定，且要保证能让蛙处于安眠的温度范围。湿度是影响食用蛙越冬的另一个重要因素，蛙机体含水约占体重的4/5，如果置于过分干燥的环境，会引起失水过多；但湿度太高，也同样不适合，也会引起某些疾病的发生。测定湿度，一般可用干湿球温度计，检查方便可以及时了解到蛙的越冬状态，一旦发现湿度偏离蛙冬眠需求过远，就可立即采取应急措施。如果发现有病蛙可以及时隔离治疗。根据上述特点，可以人为地创造一些适于蛙安全越冬的场所。

二、食用蛙越冬场所类型

（1）水下越冬场所 为了使蛙能顺利越冬，采用水下越冬方式需注意：①食用蛙多数是水下越冬，可建深为2.5~3米的大型水池（越冬池）。越冬池可由养殖池直接加深或垫高周围池壁而成。进水管设置在池壁四周泥沙表面的高度，而在水表面高度的池壁上设置溢水孔。进水孔或进水管设置耐腐蚀的细目滤网，防止敌害和杂物进出堵塞管道。同时要在较高的位置上建造较大的贮水池以及封闭的通水管道，以便加压供水。越冬水池也可用砖砌成，砖表面用水泥抹平。池底用砂石水泥按一定坡度坡向浇筑，以利于排干池水。清洗消毒后，在底部铺一层约 5 厘米厚的细沙，细沙上再铺设20～30 厘米厚的河卵石（一般选择 20 厘米左右）作为食用蛙的隐蔽层物。入冬前，将水位加深至 1～2 米，这样底层水水温仍可保持在3℃左右，即使表层结冰也能安全越冬。②准备好补水、增氧设备。如果冰封期较长，冰上有积雪，其底层容易发生缺氧。发生缺氧现象时，应及时灌水、增氧。如无增氧设备则可在冰面挖掘一定数量的冰洞。③可用稻草、芦苇、冬茅、竹帘和塑料薄膜等在池面上搭起棚架，以抵御寒风的侵袭，提高池温。有条件者，可建塑料大棚（图 2－5）。④注意防止渗漏。

（2）越冬窖 越冬窖是用一般农家地窖，底部铺放枯枝落叶，相对湿度控制在80%～90%，窖内温度控制在 2～7℃（图 2－6）。

（3）室内越冬砖池 在房屋内靠墙用砖砌一个高 40～50 厘米的池子（长、宽根据室内大小及越冬蛙数量多少而定），池内铺松土 20～30 厘米，并放一水盆，水盆上缘与土层同高，另放一个蚯蚓养殖槽，以便室温高于10℃时，满足蛙摄食等需要。池口用竹帘等盖住，以防蛙逃逸。若寒潮来袭或气温低于 5℃时，可用塑料薄膜围包池外，在池内悬挂一盏

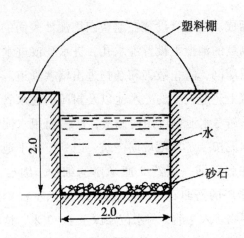

图 2－5　塑料大棚越冬（单位：米）

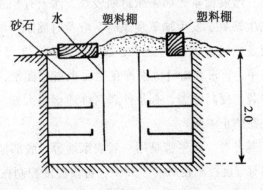

图 2－6　越冬窖（单位：米）

40 瓦灯泡，池口竹帘上加盖薄膜或棉絮，以提高池内温度，保证蛙安全越冬。

（4）洞穴　在养蛙池周围，向阳避风、离水面 20 厘米的地方，用石块等人为地制造一些较大的洞穴。洞内铺上一些软质杂草，保持湿润，但不能让池水淹没。蛙进洞冬眠后，立即在洞穴上堆放一些稻草等，以挡寒风的侵袭。如遇特殊寒冷天气，要加盖更厚的草堆，再加盖一层塑料薄膜。

（5）缸桶　少量养殖食用蛙，也可将蛙置于缸、桶内越冬。具体做法是，先将缸内或桶内装一些泥土，中间高、四周低，形似馒头形，在低凹的四周适当放水，使高处土湿润，四周有少量积水。食用蛙放入缸、桶中后，上盖水草或草皮，缸口盖以草帘或麻袋、棉絮，以防蛙外逃。缸、桶口也可盖塑料薄膜，但要注意透气。缸、桶宜安放在 2 ~ 10℃ 的环境中。若气温太低，需适当加温。

第七节　食用蛙养殖场的常用设备

一、御障的建筑

建设食用蛙养殖场，不仅场区四周应设围墙以防蛙逃逸和天敌入侵，而且幼蛙池、成蛙池和种蛙池的周围也应设隔离御障，以做到真正分池饲养，避免其自相残食。建筑御障可根据需要选择砖、石棉瓦、塑料板（瓦）、塑料网等。实践中，无论采用何种材料建筑御障，均需开适当大小的门，以便人出入投喂和巡视。

（1）养殖场围墙　食用蛙养殖场围墙内侧要光滑，墙高不低于 1.5 米，墙向场内倾斜，不大于 70°角，墙头向场内水平延伸不少于 15 厘米，建成 "┏" 形结构。墙壁不能有任何大小的洞，因为只要蛙头能通过，其身体便能通过。蛙还具有一定的挖掘能力，所以墙基要加深 50 厘米，墙与地面接触处内侧，用水泥铺抹 50 厘米宽，防止蛙掘洞。建墙的材料可用砖石，也可用木板、竹板、水泥空心板、塑料瓦、石棉瓦等，无论使用哪种材料，墙的内面均要光滑、无洞。围墙要根据需要设置门、窗，门要能关得严，窗口应钉以铁丝网或塑料窗纱，以防蛙逃逸。砖围墙坚固耐用，保护性能好，但费用较高。养殖场围墙外适当种植丝瓜、葡萄等作物，为夏季蛙生长提供较好的生活条件。

（2）场内养殖池御障　场内养殖池御障，一般高 1 米左右。蝌蚪池的御障可稍低，因其只在蝌蚪开始变态后短期起作用，变态成幼蛙后应尽快转移至幼蛙池，其间幼蛙的跳、钻能力尚不发达。从养殖池御障到池边之间应相距 1～3 米，既可供食用蛙栖息，又可繁殖杂草和栽种花卉，以引诱昆虫类，供蛙捕食。建设养殖池御障材料可因地制宜地选择木板、石棉瓦、塑料网等。

二、饵料台

水中饵料台多用厚 1 厘米的木框，底部张纱网制成，用于投喂蝌蚪饵料和蛙的水生鲜活饵料或动物内脏。一般木框高 5～6 厘米，大小和制作数量依据喂食量和喂食点多少而定。使用时将饵料台固定在池边水中，蝌蚪饵料台在水面下10 厘米，蛙的饵料台要高出水面，仅底部浸在水中即可。陆地饵料台多做成木盒，也可用瓷盘代替，为避免蛙跳入，盘口不宜太大，一般以宽 3～4 厘米较好。上述饵料台，常常要留下一些饵料，在夏季时间稍长就会干枯、腐烂，蛙不再食用，还会污染池水。因此，有关人员对其进行了相应改进。改进后的饵料台（图2-7）主要有以下几种：①双盘式饵料台，该饵料台由上面为盛料盘（金属网）和下面的浮盘（塑料泡沫）组成，使用时，借助外力使上面的盛料盘微动，食用蛙看见盛料盘中的饵料，即可捕食。当食用蛙爬上浮盘时，可使浮盘及盛料盘上下晃动，从而让食用蛙看到运动的饵料。②滴水式饵料台，该饵料台是在浮盘上作一凹池，凹池中放入一定的水。使用时，将饵料放入凹池的水中，然后滴水引起水形成波浪使饵料上下浮动，从而引起蛙捕食。③反光塑料膜饵料台，该饵料台是在塑料泡沫浮盘上，不平整地放一

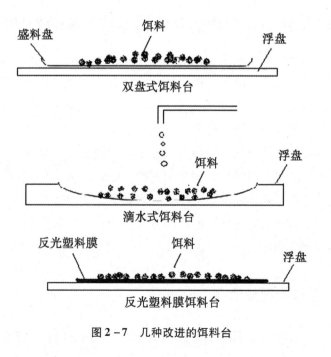

图2-7 几种改进的饵料台

张与浮盘大小相同的银色反光塑料膜，反光塑料膜的四周固定在浮盘上。饵料放在反光塑料膜上。当食用蛙爬上浮盘时，牵动反光膜微动，从而引起饵料倒影的微动，进而引起蛙捕食。

三、常用工具和仪器

根据各自的实际情况，各种养殖场常用工具和仪器相差不大，如房舍、工棚、饵料贮备间、养殖箱（筐）、孵化网箱（框）、分蛙器、手推车、桶、缸、筛、网、显微镜、增氧设备、水质检测设备等。

第八节　食用蛙养殖场养殖用水的处理

养殖后的废水，有机物含量高，是引起水域二次污染的主要原因之一，但目前绝大部分都未经处理直接排放。养殖水质必须严格按照生产技术规范操作，建立水质监测制度，及时调控水质，废水处理，防止养殖生产的自身污染。作为养食用蛙不达标的养殖用水和养殖后的废水必须处理。养殖用水和废水处理的目的就是用各种方法将污水中含有的污染物质分离出来，或将其转化为无害物质，从而使水质保持洁净。根据所采取的科学原理和方法不同，可分为物理法、化学法和生物法。

一、物理处理

在养殖用水和废水中往往含有较多的悬浮物（如粪便、

残饵等）或其他水生生物，为了净化或保护后续水处理设施的正常运转，降低其他设施的处理负荷，都要将这些悬浮或浮游有机物尽可能用简单的物理方法除去。处理方法包括栅栏、筛网、沉淀、气浮和过滤等。

二、化学处理

常用的简单经济可行的方法是用生石灰改良水质和底质。底质常用生石灰以水化开泼洒的方法；池水中则以每 666.7 平方米用 10～15 千克生石灰化水泼洒，能产生净化、消毒和改良水质、底质的效果。

三、生物处理

生物处理方法很多，在食用蛙养殖中一般可采用以下方法。

（1）微生物净化剂　目前，利用某些微生物将水体或底质沉淀物中的有机物、氨氮、亚硝态氮分解吸收，转化为有益或无害物质，而达到水质（底质）环境改良、净化的目的。这种微生物净化剂具有安全、可靠和高效率的特点。目前，这一类微生物种类很多，通称有益细菌（effective microbes，简称"EM"菌）。在使用这些有益菌时，应注意以下事项：①严禁将它们与抗生素或消毒剂同时使用；②为使水体中保持一定的浓度，最好在封闭式循环水体中应用，或施用后 3 天内不换水或减少其换水量；③为尽早形成生物膜，必须缩短潜伏期，故应提早使用；④液体保存的有益细菌，其本身

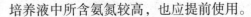
培养液中所含氨氮较高，也应提前使用。

（2）水生植物种植法　水体中氮、磷和有毒有害物质转化的一个重要环节是由水生植物吸收利用氨、磷，对有毒物质也有很强的吸收、分解净化能力，在采收这些水生植物产品时从水体中移出氮、磷及净化有毒有害物质。

第九节　南北方的差异

市场经济下，随着南北方的人员大流通，使养蛙业在国内"全面开花"。随着众多蛙系列产品的陆续面市，宠物市场对蛙品种需求的日益增多；各地旅游景点两栖爬行动物馆的不断建造；药材市场的对蛤蟆油的需求不断增加，势必会加大市场对食用蛙越来越多的需求量，食用蛙养殖业未来的前景毋庸置疑。众所周知，南北方气候有较大差异。长江以南的广大地区湿润多雨、气候温暖适合各类蛙的生长；北方地区则寒冷干燥，冬季漫长，自然条件无法与之比拟。下面以中国林蛙南养为例，简要介绍食用蛙养殖的南北方差异。研究表明，中国林蛙的胚胎发育不会因南方天气的异常而受到严重的影响，其胚胎发育对温度本身的依赖性不大，在适宜温度范围内温度的高低只影响其胚胎发育的快慢，而与胚胎的成活率、受精卵的孵化率关系不大，但是，温度变化对中国林蛙胚胎发育影响较大。南方春季气温较北方高且变化无常，时常遇到寒流袭击而突然降温，且持续时间长；这种温度变化是否会影响中国林蛙胚胎的正常发育一直是养殖者所担心的问题。在北方地区，中国林蛙蝌蚪期要用扣塑料大棚等方法尽量提高水温；而南方地区由于气温较高，在蝌蚪繁殖后期还要采取降温措施。据报道，当连续多日高温时，林蛙蝌蚪就会在未发育完全的情况下提前变态，导致幼蛙瘦小，视觉和听觉反应迟钝，而且多数畸形，这种幼蛙成活率低。可见，在春季蝌蚪饲养期，合理控制水温是保证中国林蛙南养蝌蚪正常发育的必要措施。中国林蛙幼体在自然条件下的生活环境和南移后人工养殖条件下的生活环境相差较大。特别是夏季南方天气炎热，而且高温天气持续时间较长，这对中国林蛙幼体的生存产生严重的影响，在环境温度超过中国林蛙适宜温度时，中国林蛙心跳、呼吸明显加快，无取食行为；中国林蛙此时会主动寻找避光潮湿的地方躲藏，进入夏季休眠状态。当环境温度持续升高，且持续时间较长时，中国林蛙则会出现休克、死亡。因此，南方夏季高温对中国林蛙的生长会有一些影响，但只要采取避光、通风、喷灌等措施，使中国林蛙生存的地表温度适宜，南方夏季高温就不会对中国林蛙南方养殖造成严重影响。因此，中国林蛙南方养殖中，营造多层绿色、立体生态环境至关重要。林蛙冬眠气温多在10℃以下，在北方中国林蛙养殖中的主要问题是防冻害。与北方相比，南方冬季气温相对较高，基本上不存在冬季防冻害的问题。但是，南方冬季气温高，时间短，必将导致中国林蛙在南方的冬眠时间大大短于北方，而且冬眠的深度也远远不如北方。另外，南方中国林蛙冬眠期内气温变化较大，常常会出现短时高温，常会使中国林蛙在冬眠时有几次苏醒，而致其体能消耗过大，对疾病的抵抗力下降，进而引发各种疾病。为了能使中国林蛙更好地度过初冬，减少疾病发生，中国林蛙南养应采取一些控温措施，避免环境温度长时间在其临界温度上下波动。为了保证中国林蛙在一个相对稳定的环境中冬眠，冬眠池应选在室外背阴处，水深不低于 2 米，冬眠池必须用厚实的纱网围栏，安放立架，上面用石棉瓦遮光蔽雨，下面保证四周通风。此外，南方地区蛇、鼠、鸟等敌害相对较多；各种野生蛙类已经形成强大的优势种群，人工引入的中国林蛙在同这些蛙竞争过程中处于劣势，无法形成优势种群，常常导致中国林蛙南养失败。

第三章 **食用蛙的营养与饵料**

生命活动的过程，实际上就是新陈代谢的过程。新陈代谢包括合成代谢和分解代谢两个同时进行的过程。食用蛙要生存，就必须不断地从外界环境中摄取食物，经消化、吸收，并在体内进行一系列生化反应，以维持生命活动和建造自身组织，从而能正常地生活、生长、发育和繁殖，并将不能消化吸收的食物残渣及代谢废物排出体外。也就是说，构成食用蛙机体的营养物质由采食的饵料转化而来。各种饵料中的营养物质主要包括能量、蛋白质、脂肪、碳水化合物、维生素、矿物质和水等。这些营养物质对食用蛙机体的生长、发育、繁殖和恢复以及机体对物质和能量的消耗，均不可缺少。其中，水是生命活动的基本要素；蛋白质、脂肪和碳水化合物是机体能量的来源；矿物质和维生素是维持生命所必需的物质。食用蛙正是靠不断地吃进饵料从中补充营养，又不断地随着机体活动的需要将之分解供能，这样周而复始地进行着新陈代谢，维系生命活动。

第一节 食用蛙的食性与饵料种类

现存两栖动物的主要类群——蛙类同时占有两大生境：水域和陆地。因此蛙类的食物复杂，能同时在水域和陆地获得食物（有些是幼体在水中取食，成体在陆地取食；有些则不仅幼体在水中取食，成体能同时在水中和陆地取食）。蛙类在生态系统中有着特殊的地位，其成体几乎都是肉食性，而且通常只取食活的动物，这种现象在动物界中不多见。蛙的幼体——蝌蚪则是杂食性。掌握食用蛙食性的变化规律（表3－1），对科学养殖食用蛙，提高产量和效益十分重要。

表3－1　牛蛙食性的变化

发育阶段	食　性
胚胎	分解卵黄
小蝌蚪期（3～20日龄）	以藻类等水中浮游植物为主食
中蝌蚪期（21～50日龄）	杂食性。以浮游动植物饵料为食
大蝌蚪期（51～90日龄）	以浮游动物饵料为主食
变态后的蛙	以动物性活饵（运动中）为主食

一、蝌蚪的食性及饵料种类

　　总的来说，蝌蚪是杂食性，但不同的种类，食性不同。一般来说，生活在池塘或湖泊沿岸的很多蛙类蝌蚪是草食性。它们使用角齿啃食，啃下柔软的植物组织食用。如棘胸蛙蝌蚪有时取食溪边水草或水底的水绵。生活在水面或水底的蝌蚪，大多是滤食性，它们滤食细菌、小型原生动物和有机碎屑。滤食性的蝌蚪在呼吸时，泵动水流通过口进入鳃，再从出水管出来，这样过滤水中的食物。有些蛙类蝌蚪有同类相残的习性，有些种类则只在某些时候取食同类。金线蛙和虎纹蛙的蝌蚪则捕食小鱼和鱼苗。棘胸蛙的蝌蚪除以溪流中死亡的动物尸体为食外，还啃食死亡的同类。显然，蝌蚪摄食动物尸体或捕食活动物，无疑会加速其发育和生长，减少达到变态所需的时间。这种取食习性对生活在容易干涸的水体或有机物不丰富的山溪中的蛙类是一种很强的选择适应。食用蛙蝌蚪阶段以植物为主，随着个体长大也吃草履虫、水蚤、轮虫等动物，其食物成分复杂，如牛蛙的食物包括：①藻类植物，其中，矽藻、甲藻、裸藻、绿藻、蓝藻较多。主要的是矽藻中的带列矽藻、纺经矽藻、放射矽藻和绿藻门中的小球藻、栅列藻、集星藻等；②单子叶植物（芜萍）；③浮游动物，有轮虫类、枝角类、桡足类；④有机颗粒及腐败的有机物，如腐败的植物纤维。而人工饲养表明，牛蛙蝌蚪还取食豆饼、麦麸、田螺、鱼肉、青蛙肉、蟹肉、昆虫幼体及动物内脏。

二、成蛙的食性及食物种类

食用蛙的成体都是捕食性动物，而且通常只捕食活的动物，它们主动寻找猎物或者被动地等猎物靠近到一定距离时而突然捕捉它们。从其捕食活的动物这一特点来看，说明它们的捕食活动对视觉有很大的依赖性。事实上它们对运动中的任何物体都发生反应。然而也有例外，如虎纹蛙可取食死的动物尸体，显然它们可能使用嗅觉器官觅食。食用蛙成体在陆地使用舌头捕捉猎物，但其捕食方式与捕食时间因种类、环境不同而有明显差异。如牛蛙，当其发现猎物时，便朝猎物跳过去，在离猎物 5～8 厘米时，它便举头后仰并张开下颌，迅速伸出舌头一挥，这个长而柔软的舌头便会包住猎物，接着便会迅速地缩回，把猎物带到口中吞进胃中。猎物相对较大时，牛蛙会用前肢帮助下颌将猎物吞下去。中国林蛙的捕食动作与黑斑蛙不尽相同，它基本不跳跃捕食，而是在接近目标、达到有效距离后，蛙体略向前倾并伸出舌头捕捉，这种方式属于近距离捕食方式。林蛙成蛙发现食物的距离为30~40厘米，有效捕食距离为10~20厘米；幼蛙（40~50日龄）发现食物的距离为5~10厘米，有效捕食距离为2~4厘米，最有效距离为2厘米；在有效捕食距离内，它们能高效率地捕到食物（成蛙捕食成功率为85%；幼蛙捕食成功率为73%）。当蛙类在水下捕食时，直接用下颌捕捉猎物。虎纹蛙的捕食习性，除了与黑斑蛙等相同的跃起、翻出黏滑的舌头捕捉昆虫的方式外，还具有在水中捕获水中昆虫、鱼类等的能力，也具有捕获在地面上爬行的食物的能力。

食用蛙捕食食物种类因其种类、生存环境不同而异。首先是蛙类个体大小影响食性，不同的种类，成熟个体的大小差异很大，如牛蛙、棘胸蛙、虎纹蛙等中大型种类都有很强的捕食能力，除一般昆虫、蜘蛛等小型食物外，还捕食鼠类、蛇类、其他蛙类甚至鸟类；而中国林蛙和日本林蛙个体小，一般只捕食昆虫类、多足类、环节动物、软体动物等活动能力不很强的动物，不能捕食鼠类、蛇类、鸟类等大型的或活动能力强的食物。同一种类在不同的发育期，个体大小不一样，捕食能力亦不一样。一般而言，个体小的幼蛙取食小型食物，个体大的成蛙捕食较大的动物。中国林蛙的成蛙与幼蛙在食性成分的种类方面没有太大的差异，主要不同是幼蛙捕食体长在12毫米以下的小型动物。但总的来看，绝大多数

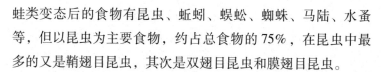

蛙类变态后的食物有昆虫、蚯蚓、蜈蚣、蜘蛛、马陆、水蚤等，但以昆虫为主要食物，约占总食物的 75%，在昆虫中最多的又是鞘翅目昆虫，其次是双翅目昆虫和膜翅目昆虫。

食用蛙在一年中的活动时间以及昼夜捕食时间因不同地区的气候条件和不同蛙种本身的生态特性而有差异，是蛙类对自然条件长期适应的结果，影响蛙类的主要气候因子是气温，一般来说，不同的蛙有不同的适宜生存温度范围。随着不同地区季节气温的变化，蛙类的活动情况不同。如棘胸蛙在皖南地区，全年的捕食季节集中在 5~11 月，昼伏夜出；在 6~8 月间，捕食高峰在 22:00~24:00；棘腹蛙在鄂西地区全年捕食季节在 4~10 月。虎纹蛙在安徽宣城的觅食期主要在 7~10 月；一天之中捕食时间多在晚上，白天较少；7 月份捕食时间主要在 20:00~23:00。中国林蛙在黑龙江省的捕食时间较短，从 6 月下旬至 10 月初约 100 天，林蛙的正常活动温度范围在 6~24℃，因而在 7~9 月，其活动时间集中在 11:00~15:00，而在 8 月份则出现两个高峰，即 9:00~12:00 及 14:00~16:00，形成约 2 小时的间歇期。

第二节　食用蛙的人工配合饵料

配合饵料是根据蛙的消化生理特点及生长发育不同阶段的营养需要的特点，根据饲料的营养成分、营养价值、饲料资源的丰歉及价格等，通过营养价值及成本核算等全盘考虑后，依据科学计算方法编制出饲料配方，经工业化加工生产的一类新型商品复合饲料。配合饵料的具有营养完全、饵料报酬高等优点，用配合饵料饲喂蛙，可以最大限度地提高饵料转化效率，降低饲养成本，缩短饲养周期，提高产品产出率。配合饲料商品性强，产品规格明确，质量可靠，可大范围推广使用，社会效益和经济效益明显。目前，国内外动物养殖业，包括家畜、家禽及经济野生动物（如水貂、乌苏里貉、蓝狐、银狐、甲鱼等）和珍贵野生动物（如大熊猫、老虎等）均已先后研究配制生产全价配合饲料。由于食用蛙是一种近些年才兴起的新型养殖种类，故有关食用蛙的全价配合饵料还未真正大规模生产，尚待行业科技人员与各地食用蛙场养殖密切合作，尽早解决。

一、食用蛙常用饲料原料的营养特点

食用蛙饲料种类众多，按饲料的营养特性将可分为蛋白质饲料、能量饲料、矿物质饲料、维生素饲料和添加剂饲料等。

（1）蛋白质饲料　蛋白质饲料是指干物质中蛋白质的含量在20%以上，粗纤维的含量在18%以下的饲料。包括动物性和植物性蛋白质饲料两大类。

①动物性蛋白质饲料。来源于动物的饲料，如鱼粉、肉粉、血粉、蚯蚓粉，以及活的小鱼、小虾、昆虫、蚯蚓、蝇蛆和黄粉虫等。其共同特点是粗蛋白质含量高，必需氨基酸齐全、平衡，生物学价值高，同时含粗纤维少，钙磷含量较高且比例适当，因而利用率高。此外，还含有较多的 B 族维生素，尤其是维生素 B_{12}。

鱼粉：鱼粉为最常用的动物性蛋白质饲料。一般的鱼粉含粗蛋白质55%～60%，含有丰富的赖氨酸、蛋氨酸和色氨酸，还含有较多的钙、磷和碘。用人工配合饵料时，鱼粉与谷类饲料配合使用可以起到氨基酸的互补。由于我国鱼粉供不应求，市场上优质鱼粉较少，且劣质鱼粉、掺假鱼粉较多。因此，使用鱼粉时应注意鉴别。优质鱼粉盐分不超过1%，含盐分过高的鱼粉应限制使用，以防止食用蛙食盐中毒；对含食盐量高的鱼粉应作脱盐处理。具体操作是：先将鱼粉泡在淡盐水中，然后改用清水浸泡脱盐，养蛙业者可以试试。鱼粉含较高的脂肪，尤其是以鱼下脚料为原料制得的粗鱼粉含量更高，贮藏过久易发生氧化酸败，影响适口性和造成下痢和肉质变质。鱼粉在加工和贮藏期间易受光、水、温度、氧、外界微生物的作用发生一系列的水解和氧化过程，使产品变质酸败生成有害有毒物质，因此，判定鱼粉的质量除了营养指标外还要考虑鱼粉的新鲜度。

肉粉和肉骨粉。肉骨粉或肉粉是以动物屠宰场副产品中除去可食部分之后的残骨、脂肪、内脏、碎肉等为主要原料，经过脱油，干燥，粉碎而得的混合物。屠宰场和肉品加工厂将人不能食用的碎肉、内脏等处理后制成的饲料为肉粉；连骨带肉一起处理加工成的饲料为肉骨粉。含磷量在4.4%以上的为肉骨粉，在4.4%以下的为肉粉。产品中不应含毛发、蹄、角、皮革、排泄物及胃内容物。正常的肉粉和肉骨粉为褐色、灰褐色的粉状物。肉粉蛋白质含量在45%～60%，赖氨酸含量较高，矿物质含量丰富。肉骨粉还有大量的钙、磷，是上好的蛋白饲料。使用肉粉与肉骨粉时应注意：肉骨粉不耐久藏，应避免使用脂肪已氧化酸败的变质肉骨粉；应注意监控肉骨粉的卫生指标（如原料来源是否是患病动物，尤其是疯牛病患牛以及沙门氏菌和其他有害微生物的污染等）。

蚯蚓。蚯蚓属于环节动物门寡毛纲，多用于改良土壤、提高土壤肥度、处理垃圾等方面。但随着蛋白质饲料的价格不断上涨，蚯蚓作为一种新型动物饲料蛋白源开始受到饲料生产者的密切关注。蚯蚓蛋白质含量高，干物质最高可达70%，富含多种氨基酸，其中，精氨酸含量比鱼粉高 2~3 倍，色氨酸含量是牛肝的 7 倍，赖氨酸的含量也高达 4.3%。蚯蚓干物质中脂肪含量较高，且不饱和脂肪酸含量高，饱和脂肪酸含量低。除了上述营养成分外，蚯蚓体内还含有丰富的维生素 A、B 族维生素、维生素 E 及多种微量元素、激素、酶类、糖类。鲜蚯蚓是一种多汁高蛋白动物饲料，鲜蚯蚓具有特殊的气味，对经济动物具有良好的诱食效果和促生长作用，目前广泛用于鸡、鸭、猪、龟、虾、蟹等动物的活食饵料。但是鲜蚯蚓投喂量不宜过大；且用鲜蚯蚓作饵料时，必须现取现喂或快速加工，以免蚯蚓死亡腐败。鲜蚯蚓经风干、烘干或冷冻干燥后粉碎即为蚯蚓粉。蚯蚓粉保存时间长，可直接喂养禽畜和鱼、虾、鳖、水貂、牛蛙等，也可以与其他饲料混合。

黄粉虫。又名面包虫，原来是一种仓库害虫，现已普遍人工养殖。近几十年来，人们将黄粉虫作为珍禽、蝎子、蜈蚣、蛤蚧、鳖、牛蛙、热带鱼和金鱼的饲料。以黄粉虫为饲料养殖的动物，不仅生长快、成活率高，而且抗病力强，繁殖力也有很大提高。黄粉虫的组织 90% 都可以作为饲料或食品（表 3-2），黄粉虫干品中的蛋白质含量一般在 35.3%~

71.4%。黄粉虫脂肪和蛋白质含量会因季节、虫态不同而有较大变化。黄粉虫的初龄幼虫和青年幼虫生长快，新陈代谢旺盛，体内脂肪含量低，蛋白质含量较高。老熟幼虫蛹体内脂肪含量较高，蛋白质含量低。越冬幼虫因贮藏了大量脂肪，其蛋白质含量比同龄期的夏季幼虫含量低10%左右。因此，利用黄粉虫作为蛋白质饲料，最好选用生长旺期的幼虫或蛹。

从表3-2还能够看出，黄粉虫与柞蚕蛹的核黄素（维生素B_2）和维生素E含量都很高。维生素E有保护细胞膜中的脂类免受过氧化物损害的抗氧化作用，也是一种不可缺少的营养素。人们以黄粉虫为饲料养殖的动物，不仅生长快、成活率高，而且抗病力强，繁殖力也有很大提高。在黄粉虫生长速度快的季节，可制成干品存贮。干燥的办法是在100℃烘箱中烤20分钟，相对而言，这样对蛋白质和氨基酸破坏程度很轻。不过，若有微波炉，则可调到100℃，烤7分钟，不仅破坏程度更轻，连虫干的色泽也保持鲜丽。

表3-2　几种昆虫干粉的主要营养素含量

虫名	水分（克/千克）	脂肪（克/千克）	蛋白质（克/千克）	糖类（克/千克）	硫胺素（毫克/千克）	核黄素（毫克/千克）	维生素E（毫克/千克）
黄粉虫	37	288.0	489	107	0.65	5.2	4.4
黄粉虫蛹	34	405.0	384	96	0.60	5.8	4.9
柞蚕蛹	45	280.0	570	85	0.50	62.0	35.0
柞蝉	40	71.9	714	109	—	—	—
蝗虫	31	76.5	705	128	—	—	—
峰蛹	38	264.0	353	—	—	—	—
蚂蚁	41	192.0	695	—	—	—	—

蝇蛆。蝇蛆是代替鱼粉的优良动物蛋白饲料。分析表明，

蝇蛆含粗蛋白质 55%～65%、脂肪 2.6%～12%，无论是原物质或是干粉、蝇蛆的粗蛋白质含量都与鲜鱼、鱼粉及肉骨粉相近或略高。蝇蛆的氨基酸组成全面，含有动物所需要的 17 种氨基酸，且每种氨基酸的含量均高于鱼粉，必需氨基酸和蛋氨酸含量分别是鱼粉的 2.3 倍和 2.7 倍，赖氨酸含量是鱼粉的 2.6 倍。同时，蝇蛆还含有多种微量元素，如铁、锌、锰、磷、钴、铬、镍、硼、钾、钙、镁、铜、硒、锗等。

畜禽副产品。畜禽副产品包括畜禽的头、骨架、内脏和血液等，这些产品除肝脏、心脏、肾脏和血液外，蛋白质的消化率和生物学价值较低。因此，利用这些副产品喂食数量要适当，并注意同其他饲料搭配。繁殖期不喂含激素的副产品。动物肝脏是优质全价的动物性饲料，含有蛋白质 19.4%、脂肪 5.0%，还有丰富的维生素 A、维生素 D 和微量元素。但动物肝脏饲喂比例不宜过高，肝脏中的盐类会致动物轻度腹泻。动物的心脏和肾脏含丰富的蛋白质和维生素，是全价的蛋白质饲料。新鲜的心脏和肾脏生喂时，不仅适口性强，营养价值和消化率也很高。动物肠子的蛋白质、脂肪含量随动物种类及食性不同而有差异，例如，猪肠含蛋白质 6.9%，脂肪 15.6%；兔肠含蛋白质 14.0%，脂肪 1.3%。使用动物新鲜肠子时，应先除去内容物，洗净后再使用。家畜的胃蛋白质中氨基酸组成不均衡，使用时宜搭配鱼、肉类，补其不足饲喂效果才好。使用前亦应清除内容物并洗净。动物的肺含有较多不易消化的结缔组织，蛋白质不全价，营养价值较低。如牛肺仅含蛋白质 7.3%，脂肪 1.4%。直接食用肺对食入动物的胃肠有刺激，会导致食入动物呕吐，故宜煮熟后绞碎配入配合饵料中。

动物的血和血粉。动物血富含蛋氨酸、胱氨酸等含硫氨基酸、矿物元素，营养价值高而且易于消化，但动物血中含无机盐较多，有轻泻作用，喂量过高易导致食入动物出现腹泻。所以，一般在配合饲料中所占比例宜控制在 10% ~ 15%。另外，血不易保存。为确保安全，通常把血加热煮成血豆腐，或者制成血粉后利用。

②植物性蛋白质饲料。包括豆饼（粕）、花生饼（粕）等。它们的干物质含粗蛋白质 25% ~ 40%，消化能较高。在配合饵料中应用大豆饼或花生饼可以减少鱼粉的用量，降低饲料成本。一般用量为 25% ~ 35%，饲料中用量过多会引起消化不良和造成饲料的浪费。

大豆饼（粕）。大豆豆饼、豆粕的蛋白质和氨基酸的含量是所有饼粕中最高的，对弥补大多数饲料中赖氨酸不足起到了极好的平衡作用。豆饼含蛋白质 40% ~ 46%（平均 42%），赖氨酸 2.6% ~ 2.7%，蛋氨酸 0.6%；豆粕含蛋白质 44% ~ 50%，赖氨酸 2.8% ~ 2.9%，蛋氨酸 0.65%。显然用豆饼、豆粕调节饲料中赖氨酸的含量是最简便不过的了，但由于豆粕生产过程中的加热温度不如豆饼高，大豆中所含红细胞凝集素、胰蛋白酶抑制素和皂角素 3 种有害物质大量残留于豆粕之中，故使用时需要蒸气加热后才安全。这也是生大豆制品不能作饲料的原因所在。国家标准规定饲用大豆饼（粕）中脲酶活性不得超过 0.4%；由于普通加热处理不能完全破坏大豆中的抗原物质，因此，饲喂动物的饼粕最好经过膨化处理或控制饼粕在饲粮中的适宜比例。在蛙饲料中，豆饼（粕）

主要用作蛋白质补充、赖氨酸的平衡和脂肪的补充。

花生仁饼（粕）。花生仁饼（粕）蛋白质含量 38% ~ 44%，粗纤维较低，粗脂肪较高，故有效能值较高。花生仁饼（粕）中精氨酸和组氨酸相当多，但赖氨酸（1.2% ~ 2.1%）和蛋氨酸（0.4% ~ 0.7%）低，饲用时必须注意必需氨基酸平衡。花生仁饼（粕）易发霉，特别是在温暖潮湿条件下，黄曲霉繁殖很快，并产生黄曲霉毒素，这种毒素经蒸煮也不能去掉。因此，花生仁饼（粕）必须在干燥、通风、避光条件下妥善贮存，发霉的花生饼不能饲用。另外，花生饼（粕）中含有抑制蛋白酶因子，适当加热可破坏该有害因子。

（2）能量饲料　能量饲料是指含能量高（消化能大于 10.45 兆焦/千克）、粗纤维含量较低于 18% 的饲料。常用的能量饲料谷物类（玉米、大麦、小麦、燕麦、稻谷等）以及饲用油脂。谷物类饲料具有高能量、低蛋白质、低氨基酸、低维生素、低矿物质等特点，蛋白质含量在 10% 左右，可满足变温动物对代谢能的需要，但蛋白质远远不够，食用蛙饲料中只是在作为黏合剂时，才被采用。氧化、酸败油脂对水产动物危害很大，易引起贫血、瘦弱等疾病，在使用高不饱和脂肪酸时应随脂肪用量添加维生素 E，以减少氧化油的危害。能量饲料的粗蛋白质含量较低，加上食用蛙人工饵料中蛋白质饲料用量较多，在人工配制食用蛙饵料时，一般用量不宜太多。

（3）矿物质饲料　常规饲料中的矿物质含量往往不能满足蛙的营养需要，常常要用专门的矿物质饲料来补充。一般常用的矿物质饲料有食盐、含钙饲料和钙磷平衡饲料。

①食盐。食盐可以给蛙补充钠和氯。食盐中含钠39%，含氯60%。碘化食盐还含有0.007%的碘。蛙饲料中适当加食盐，可改善饲料的适口性，增进食欲，从而促进生长。②含钙的饲料。常用的含钙饲料有：碳酸钙、石粉、贝壳粉、蛋壳粉等。③钙磷平衡的饲料。常用的主要有骨粉、磷酸氢钙。

骨粉。骨粉因加工方法不同，有蒸骨粉、煮骨粉、脱脂骨粉等区分，含钙量24%～28%，含磷10%～12%，是很好的钙、磷平衡饲料。

磷酸氢钙。为白色或灰白色粉末，含钙22%～23%，磷16%～18%。磷酸氢钙是蛙饲料中的优质钙磷补充料，但要注意铅含量不能超过50毫克/千克，氟与磷之比不超过1：100。

一般在配合饵料中加入2%～5%的骨粉、贝壳粉即可满足钙、磷的需要。食盐是钠和氯的廉价来源，故在饲料中添加0.2%左右的食盐能满足钠、氯的需要，加入量过多则可能引起食盐中毒。食用蛙需要的微量元素以市售的微量元素添加剂形式添加0.01%即可。

（4）维生素饲料　食用蛙需要的维生素，除常规饲料，特别是酵母等提供外，人工配合饵料中主要靠工业合成的维生素添加剂来补充。

（5）添加剂饲料　添加剂饲料是向饲料中添加的少量或微量的物质，目的在于补足某种营养物质，满足蛙的营养需要，促进食用蛙的生长发育，同时提高饲料利用率，提高食用蛙的抗病力，减少病害的发生。饲料添加剂的种类很多，除常用的营养性添加剂外（如矿物质、维生素和氨基酸添加剂），还有防病治病的抗病保健性添加剂。同时，为了保证配合饲料的质量，还有抗氧化剂、防霉剂等。饲料添加剂对蛙类使用应符合以下原则：①该添加剂长期给食用蛙使用无毒副作用，对繁殖也不产生不良影响。②必须具有真实的生产效果，使用后虽成本提高，但总的经济效益应有所提高。③该添加剂在配合饲料中和被蛙食入体内均应具有良好的稳定性。④该添加剂加入配合饲料中后，不能产生令蛙拒食的结果。⑤该添加剂在蛙体内的残留物应易随粪尿排出，不能超量残留而影响蛙产品的品质和人体的健康。总之，添加剂要符合安全、经济、使用简便的原则。此外，使用时还应阅读产品说明书，注意该添加剂产品的效价、生产日期、有效期、限用、禁用、用量、添加方式以及配合时的拮抗协同等问题。

总之，食用蛙饲料的种类繁多，了解其的营养特点（表3-3、表3-4）以及配合饵料的生产和使用，对提高饵料的转化率，降低饲料成本，提高饲养效果，很有必要。

表3-3　蝌蚪常用饲料营养成分　　　（%）

饲料名称	粗蛋白质	粗脂肪	粗纤维	无氮浸出物	钙	磷
莴苣叶	1.93	0.16	1.77	3.24		
白菜叶	0.11	0.17	0.93	4.36		
卷心菜	1.40	0.30	1.40	8.30	0.04	0.05
甜菜	1.6	0.10	1.40	7.00		
甘薯秧	1.40	0.40	3.30	5.00		
菠菜	2.4	0.50	0.70	3.10		

（续表）

饲料名称	粗蛋白质	粗脂肪	粗纤维	无氮浸出物	钙	磷
苜蓿	15.8	1.50	25.00	26.50	2.08	0.25
鲜浮萍	1.6	0.90	0.70	2.70	0.19	0.04
硅藻	22.87	13.60	14.30	14.30		
水浮莲	1.07	0.26	0.58	1.63	0.10	0.02
小米粉	8.8	1.40	0.80	74.8	0.07	0.48
玉米粉	6.1	4.50	1.30	73.00	0.07	0.27
大麦粉	10.8	2.10	4.60	67.60	0.05	0.46
黄豆粉	34.8	10.00	3.80	35.50	0.12	0.42
豆饼	35.90	6.90	4.60	34.90	0.19	0.51
花生饼	43.80	5.70	3.70	30.90	0.33	0.58
菜籽饼	37.73	1.50	11.69	30.48	0.71	0.98
麦麸	13.50	3.80	10.40	55.40	0.22	1.09
米糠	10.80	11.70	11.50	45.00	0.21	1.44
秘鲁鱼粉	61.30	7.70	1.00	2.40	5.49	2.81
国产鱼粉	53.50	9.80	3.90	0.40	2.15	4.50
脱脂蚕蛹	59.60	18.10	5.60	5.90	0.04	0.07
血粉	83.80	0.60	1.30	1.80	0.20	0.24
肉粉	70.79	12.20	1.20	0.30	2.94	1.42
蚯蚓粉	56.40	7.80	1.50	17.90	—	—
蛋黄粉	32.40	33.20	—	8.90	0.44	—
蜗牛粉	60.90	3.85	4.50	18.00	2.00	0.84
饲用酵母粉	56.70	6.70	2.20	31.20	—	—
剑水蚤	59.81	19.80	10.0	4.58	—	—
鳔水蚤	64.78	6.61	8.58	12.60	—	—
长刺水蚤	36.38	12.07	6.90	25.19	—	—
摇蚊幼虫	8.20	0.10	—	2.40		
条纹蚯蚓	56.40	7.80	1.50	17.90	—	—

表 3 - 4   成蛙常用动物性饲料营养成分   （%）

饲料名称	蛋白质	脂肪	碳水化合物	热量/千焦
猪肝	20.1	4.0	3.0	535
猪肠	6.9	15.6	0.5	711
鸡内脏	9.0	10.6	—	565
兔肠	14.0	1.3	—	293
淡水杂鱼	13.8	1.5	—	632
泥鳅	18.4	2.7	—	632
蚌肉	6.8	0.8	4.8	230
熟蜗牛	10.06	0.57	—	418
海杂鱼	13.8	2.3	—	351
蚕蛹	60.0	20.0	7.0	1874
干昆虫	57.0	3.9	—	—
干蝇蛆	59.39	12.61	—	—
蚯蚓	55.46	9.11		

二、食用蛙的饲养标准

目前，我国尚无食用蛙的饲养标准。郑建平（1991）和高令秋（1994）设计和筛选了、美国青蛙的饲料配方，其配方主要营养指标如表 3 - 5；我国水产行业蛙类配合饲料标准规定的主要营养成分指标见表 3 - 6。上述标准，可供生产实践中参考，并在此基础上灵活应用。

表 3-5　参考性饲养标准　　　　　　　（%）

指标	消化能/兆焦/千克	粗蛋白质	粗脂肪	无氮浸出物	粗纤维	粗灰分	钙	磷	赖氨酸	蛋氨酸	胱氨酸	色氨酸	胡萝卜素	食盐	水分
标准1	10 460	23	—	—	5	—	0.82	0.66	1.59	0.56	0.41	0.71	7.5	0.20	—
标准2	—	33.3	2.99	24.44	—	16.82	2.19	0.83	—	—	—	—	—	1.48	20.6

表 3-6　蛙配合饲料主要营养成分指标　　　　（%）

营养成分	蝌蚪料	仔蛙料	幼蛙料	成蛙料
粗蛋白质	≥41.0		≥38.0	≥35.0
粗脂肪		≥4.0		
粗纤维		≤4.0		
水分		≤10.0		
钙		≤4.5		
总磷		1.2		
粗灰分		≤15.0		
食盐		—		
赖氨酸	≥2.1		≥1.9	≥1.7

三、人工配合饵料的配制原则

食用蛙人工饵料至少要满足以下条件，才能满足其生长发育的需要和适于食用蛙取食：首先要根据食用蛙的营养需要、饲料营养价值、生理特点及经济指标确定饲料配方，其次要进行适当的技术处理，使之能在较长时间内浮在水面，以确保为食用蛙蜉摄食。在具体设计食用蛙人工配合饵料时应遵循以下原则。

（1）保证营养物质全面　参考营养比例时，首先满足食用蛙的能量需要，还要考虑蛋白质、矿物质和维生素的需要。为此，饲料原料种类应尽可能多，以保证营养物质全面，发挥各种营养物质的互补作用，从而提高营养物质的利用效率。应根据食用蛙的种类、生长发育阶段和季节的营养需要及时调整配方，如在蛙的繁殖期要增加食物营养，以满足生殖需要；在夏季高温需多添加维生素 C，以提高蛙的抗应激和抗病力。幼蛙在生长发育期，生长发育快，为缩短饲养时间，尽快上市，应适当提高饲料中蛋白质含量，并补充钙磷以保证骨骼正常发育。对种蛙而言，不论是雄蛙还是雌蛙，它们除维持正常新陈代谢生命活动需要消耗能量和营养物质外，形成大量具有优良质量的精细胞、卵细胞还需要以蛋白质为主的多种营养物质。因此，对种蛙日粮的蛋白质水平应适当提高。建议种蛙日粮蛋白质水平提高 2%～3%，同时还要保证氨基酸平衡，适当提高维生素 A、维生素 D、维生素 E、维生素 C 及矿物质元素如锰、锌的供给。

（2）选择适当原料　根据食用蛙消化生理特点，其成体以动物性原料为主，植物性原料为辅；对于蝌蚪则可以植物性原料为主，动物性饲料为辅。食用蛙成体为食肉性动物，机体不能消化、吸收纤维素，但纤维素有刺激胃肠蠕动，促进食物运动、充分与消化液和消化酶混合、帮助食物消化的功能。所以说，在其配方中应含有一定量纤维素，但纤维素的含量不能过高。如果粗纤维在饲料中含量过高，则往往导致肠梗阻。原料应尽量多样化，保证营养平衡，要注意原料的新鲜度，最大限度地降低饲料成本。

（3）限制动植物性原料的比例　食用蛙成体为肉食性动

物，不仅不能消化、吸收利用纤维素，而且体内缺乏淀粉酶，对淀粉的消化、吸收能力很低，配合饲料中植物性饲料比例过高，不利于食用蛙的生长发育。

（4）注意钙磷比例　钙、磷对处于生长发育期的幼蛙尤为重要，不能缺少。如果日粮中钙、磷缺少或比例失调，则骨骼变得疏松脆弱，甚至患软骨病和佝偻病。幼龄动物生长期的日粮中，不但要求钙、磷含量充足，而且钙、磷比例应适当才中。其生长初期，钙与磷之比应为（1.5~2）∶1，到后期则应为（1~1.2）∶1。

（5）科学添加维生素　维生素 A 是一种能维持机体上皮组织细胞完整与健康的重要物质，并参与视觉的形成。如果缺乏维生素 A，则将导致皮肤黏膜及消化道等一系列上皮组织细胞角质化，进而引发一系列疾病，所以在食用蛙的饵料中应适量补充维生素 A。维生素 D 可促进钙、磷吸收，以利于钙、磷在骨骼和牙齿上沉积。

（6）考虑适口性和漂浮性　适口性好，食用蛙才会采食，不致出现厌食现象。一般来说，饲料的适口性与其中的动物性原料的含量有关。在满足营养需要的前提下，应根据食用蛙摄食特点，注意配合饵料的形状大小、运动状态等以方便食用蛙捕食，同时还应加入着色剂和引诱剂，以吸引食用蛙尽快前来摄食。一般要求蝌蚪料可制成粉末状饲料，而幼蛙及成蛙料应制成膨化颗粒饲料。由于蛙类一般喜欢在浅水中取食，故人工饵料应有良好的漂浮性。一般要求浮漂时间在 4 小时以上。有些蛙类如虎纹蛙可取食静止的食物，故其配合饲料主要是要有适口性。加入适当的色素，有利于引起蛙类的视觉注意。如美国青蛙喜欢吃红色的小鱼虾。但应当注意，有些蛙没有颜色选择特性，加色素只是浪费。

(7) 保证饲料的安全性　配合食用蛙饵料，应把安全性放在首位。只有首先考虑到配合饲料的安全性，才能慎重选料和合理用料。慎重选料就是注意掌握饲料质量和等级，最好在配料前先检测各种饲料原料，做到心中有数。凡是霉败变质、被毒素污染的饲料都不准使用。饲料原料本身含有毒物质者，如棉籽饼、菜籽饼等，应控制用量，做到合理用料，防止中毒。要充分估计到有些添加剂可能发生的毒害，应遵守其使用期和停用期的相关规定。

(8) 注意降低成本　选用原料必须符合因地制宜和因时制宜的原则，这样才可以充分利用当地的饲料资源，减少运输费用，以降低养殖成本。有条件的地方，应建立饵料基地，有计划地生产饵料，这样饵料供应既主动，又不会受到牵制。

四、人工配合饵料配方设计方法

人工配合饵料配方设计的方法包括手工配方和电脑配方法。其中手工配方法容易掌握，但完成配方的速度慢。日粮配合的理想工具是电脑，电脑可以应用先进的线性规划法，迅速完成配方，而且可以把成本降到最低。电脑配方法现有出售的软件，其运算简单，不作详细介绍。下面只介绍以下手工配方方法，供小型养殖场或个体户参照应用。手工配方法主要有试差法和线性规划法等。试差法运算简单、容易掌握，可借助笔算、珠算、电子计算器完成，在实践中应用仍相当普遍，现简要介绍如下：①确定相应的饲养标准：根据蛙的品种类型、生长阶段、生产水平，查找食用蛙的饲养标准，确定日粮的主要营养指标，一般需列出代谢能、粗蛋白质、钙、磷、赖氨酸、蛋氨酸、蛋 + 胱氨酸等。②确定饲料种类和大概比例：根据市场行情，提出被选饲料原料，在食用蛙饲料营养价值表中，查出选用饲料的成分及营养价值。③初算：将各种饲料的一定百分比，按常用饲料成分表计算饲料的营养成分含量，所得结果与饲养标准比较。④调整：反复调整饲料原料比例，直到与标准的要求一致或接近。如粗蛋白质含量低于标准，可用含粗蛋白质高的饲料（鱼粉、豆饼等）与含粗蛋白质较低的饲料（玉米、麦麸等）互换一定比例，使日粮的粗蛋白质含量达到标准。当代谢能低于标准时，可用含代谢能高的玉米与含代谢能低的糠麸等饲料互换一定比例，使日粮的代谢能达到标准。经过调整，各种营养已很接近标准时，最后加入矿物质饲料、微量元素、氨基酸和维生素，使其达到全价标准。

五、食用蛙人工配合饵料的加工工艺

为使蛙类饲料具有较好的漂浮性，通常将饲料进行膨化处理。一般的工艺流程如下：①根据配方称取原料；②把植物原料膨化后粉碎，把动物原料粉碎。把营养添加剂、诱食剂、黏结剂预混合；粉碎细度一般要求 100% 通过 0.425 毫米的分级筛，0.25 毫米的筛上物不得大于 20%；③将上述原料一并放入搅拌机混合，并加入一定量的水（一般以 25% ～

30%为好）；④送入膨化机膨化，切粒；⑤烘干或晒干至水分低于12%，即为配合饲料，包装备用。加工后的膨化饲料要求色泽均匀，颗粒大小一致，表面平整；无发霉、变质、结块现象，不得夹有杂物，不得有虫寄生；具鱼腥味，无霉变、酸败、焦灼等异味；吸水膨胀后具有良好的黏弹性；膨化饲料在水中吸水膨胀后95%以上的饲料颗粒不开裂、表面不出现脱皮现象；饲料悬浮率（饲料投入水温25～28℃淡水中，30分钟后漂浮水面的饲料颗粒数量占投入饲料颗粒总数量的百分率），蝌蚪、仔蛙料不低于90%，幼蛙、成蛙料不低于98%（表3-7）。

表3-7　蛙类配合饵料产品规格、适喂对象

产品规格	粒径（毫米）	养殖牛蛙体重（克）	养殖虎纹蛙体重（克）
蝌蚪粉料	—	前期蝌蚪	前期蝌蚪
蝌蚪粒料	<1.8	后期蝌蚪	后期蝌蚪
仔蛙料	1.8～4.0	5～50	5～30
幼蛙料	4.0～8.5	50～200	30～150
成蛙料	>8.5	>200	>150

六、人工配合饵料配方示例

见表3-8、表3-9。

表3-8　蝌蚪期常用饵料配方　　　（%）

成分	配方1	配方2	配方3	配方4	配方5	配方6	配方7
鱼粉	21	—	—	—	20	—	15
蓝藻或颤藻	—	—	—	—	—	65	—

（续表）

成分	配方 1	配方 2	配方 3	配方 4	配方 5	配方 6	配方 7
肉粉	—	—	20	—	—	—	—
血粉	—	—	—	20	—	—	—
蛋黄	—	—	—	—	—	35	—
蚕蛹粉	—	—	—	—	30	—	—
猪肝	—	—	—	—	—	—	25
小杂鱼	—	50	—	—	—	—	—
蚯蚓粉	—	—	8	—	—	—	—
玉米粉	12	—	—	—	—	—	—
花生饼粉	38	25	—	40	—	—	—
豆饼粉	—	—	10	15	—	—	—
麸皮	12	10	—	12	—	—	—
米糠	18	—	50	—	—	—	43
大麦粉	—	—	—	10	50	—	—
小麦粉	—	13	—	—	—	—	—
白菜叶	—	—	10	—	—	—	—
菠菜	—	—	—	—	—	—	10
无机盐添加剂	—	—	—	2	—	—	—
螺壳粉	—	—	2	—	—	—	—
维生素添加剂	—	—	—	1	适量	—	—
饲料酵母粉	—	2	—	—	—	—	—
甲状腺素（另加）	—	—	—	—	—	3/4 片	—
骨胶	—	—	—	—	—	—	7

表 3 – 9   幼蛙和成蛙常用饵料配方   （％）

成分	配方1	配方2	配方3	配方4	配方5	配方6	配方7	配方8	配方9	配方10
鱼粉	30	40	30	20	35	20	30	40	35	30
肉粉	—	—	—	20	—	—	—	—	—	20
蚕蛹粉	—	—	—	—	—	20	—	—	—	—
豆饼	40	30	—	30	35	30	20	—	35	30
花生饼	—	—	40	—	—	—	—	30	—	—
蚯蚓粉	—	—	—	—	—	—	—	—	5	—
大麦粉	—	—	—	—	—	—	—	—	10	—
玉米粉	15	15	—	15	15	15	20	20	—	—
苜蓿粉	5	5	—	—	—	—	10	—	—	—
麸皮	10	10	—	15	15	15	20	10	—	10
米糠	—	—	15	—	—	—	—	—	15	10

第三节   食用蛙饵料投喂技术

　　食用蛙养殖中饵料的投资最大，占养殖成本的 60% ~ 70%。养殖产量的高低和养殖经济效益的好坏，除了取决于饵料的营养价值以外，很大程度上取决于饲养期间的管理水平，而投饲技术是饲养管理中的重要方面之一。食用蛙水陆两栖，投饲不当，饵料不易被找到吞食，就会溶散水中，造成饲料浪费，蛙生长不良，水中耗氧量上升，还污染了水质。因此，对食用蛙养殖来说，投饲技术尤其重要。

一、日投喂量

　　日投喂量是否适宜，关系到饵料效率和饲养成本。投喂量不足，食用蛙处于半饥饿状态，会造成蛙减重，引起群体激烈抢食，甚至相互残食。投喂过量时，不但饵料利用率降低，还会污染水质，严重时引起蛙患病。日投喂量应根据蛙大小、水温、水质和饵料种类不同而有所不同。在适温条件下，牛蛙蝌蚪期日投喂量为体重的 5%～20%，孵化后 7～30 天的蝌蚪每千尾折合 200～400 克，30 天后至变态每千尾折合 400～800 克；蛙期投饵量占体重的 5%～15%，干饵占 2%～4%，折合每只幼蛙 2～20 克，成蛙 20～40 克。对牛蛙种蛙水温 18～20℃时，为 3%；水温 21～23℃时，为 8%；水温 24～28℃时，为 14%～16%；水温 29～31℃时，为11%～13%。投喂量是否合理，一是要视摄食情况而定，一般以投喂后 2 小时内，饵料被吃完为宜。若饵料在 2 小时内被吃完，表明饵料不够，则应酌情增加；若 2 小时后食物台还有很多残存饵料，则要减少饵料投放量。二是要视蝌蚪和蛙的生长速度是否符合正常指标而增加或减少投料量。三是检查蛙的粪便，正常情况下，蛙的粪便排出后会很快溶解于水中而下沉，在摄食过量而未完全消化时，排出的粪便则漂浮不沉，应及时减少投喂量。

二、日投喂次数

日投喂量确定后，投喂次数就关系到饵料效率和食用蛙的生长。食用蛙的日投喂次数，既要考虑食用蛙的营养需要，也要考虑蛙的饱食量。通常一天投喂 1 次即可，但为保证每个个体都能吃上饵料，需要增加投喂次数。蝌蚪初期食量小，每天 1 次，次数不宜过多；30 天后食量增加，可 1 次喂足，也可分上下午各投喂 1 次。变态后的幼蛙食量小、生长发育快、代谢水平高，应适当增加投喂次数，一般可每天投喂 2 ~ 3 次。成蛙有间歇采食的习性，一次吃足可顶几天，夏季每天可投喂 1 次，春秋季 2 ~ 3 天 1 次即可。具体操作时也要考虑蛙的大小、水温、水质和饵料种类。

三、蝌蚪饵料的投喂

培育蝌蚪有两种方法：一是人工投饵；二是培肥池水，繁殖浮游生物。在生产上，常采取两者结合的方法，在养好水的基础上，增投人工饵料，以满足蝌蚪营养需要。此外，由于蝌蚪各个时期的活动特点和摄食能力有所差异，在饲养过程中，还应根据不同的特点采取相应的饵料及投喂方法。对于刚放养的蝌蚪，活动力弱，多群集在一起，且不太摄食，可投喂极少量的豆浆、熟蛋黄。几天后，蝌蚪活动增强，逐渐分散于池中，四处觅食，此时，应适当多投些熟蛋黄、豆浆或捞取专门培养的轮虫、水蚤投喂。采取全池泼洒的方法，于每天傍晚投喂 1 次。10 天之后，投喂米糠、花生粉、麦麸、豆粉、豆腐渣及动物内脏、血、肉类等。可单一投喂，也可几种饲料有机搭配投喂。饵料沿池的四周或池中设置饵料台投喂。投喂时，粉状饲料加水调制成糊状，饼状饲料先浸泡发软，肉类打浆。30 天以后，蝌蚪个体迅速增长，摄食能力逐渐增大，可投给小蚯蚓、小鱼苗和剁碎的鱼肉、动物内脏、瓜果嫩菜等较粗的饵料。干粉状饲料仍需用水调制，捏成团状定点投喂。每天投喂 2 次。投饵量随蝌蚪日龄的增长逐渐增加，在蝌蚪前肢即将长出时，达到最大。实际投饵量还应根据天气、水质等情况适当调整，以既能让蝌蚪吃饱又不出现剩饵为佳。天气凉爽、水质较清时，可多投；天气炎热、水质较肥时，适当减少投饵量。此外，各类饵料应有计划地搭配投喂，一般原则以植物性饵料为主，适当搭配动物性饵料。但有时出于生产需要，为提早蝌蚪变态时间，要在蝌蚪培育的早期阶段（30 日龄前）多投动物性饵料（占 60% 比例以上）。处于变态后期的蝌蚪（前肢长成阶段）活动较少，也绝少摄食，仅靠吸收自身尾部为营养。但由于同一池中蝌蚪变态步骤不一致，一部分变态较慢的蝌蚪仍要摄取食物，所以此阶段宜减少投饵量，酌情投喂。

四、幼蛙的食性驯化

食用蛙变态后以活饵料为食，对死饵料不敏感。活饵料的生产季节性较强，大批饲养食用蛙时，活饵料的生产很难以满足需要。所以生产中，要训练幼蛙采食静饵——人工配合饵料或死的动物性饵料。驯化幼蛙食性的方法很多，基本上是利用幼蛙生来就吃活饵、视觉对活动的物体敏感的习性，采用水流、机械力带动等各种方法使死饵产生动感，让幼蛙误吃死饵，并定时、定点进行这种投饵刺激，从而养成蛙蛉吃死饵的习惯。

（1）食性驯化的方法　进行食性驯化的食用蛙为刚变态不久的幼蛙，要求选择体质健壮，大小基本一致，体重在 15～20 克的幼蛙。驯化池以水泥池为好，面积一般在 3～5

平方米，每平方米放养幼蛙 50～200 只。驯化池水深以幼蛙后腿不能着底为度，一般 10 厘米。池中置一饵料台，为木制方框，以筛绢布拉紧成底。水深时饵料台浮于水面，水浅时则落于实处，框底不要留有空隙，以免幼蛙钻入框底窒息，除饵料台外，池中不要有可供幼蛙休息的陆地或悬浮物。

①活饵诱食驯化法。食用蛙喜食活的饵料，其食性驯化需要引诱物质。生产中一般选择小杂鱼或家鱼苗（体长 2 厘米以内）作为引诱物质。驯化时选取大小合适的引诱物质放入饵料台，饵料台底的筛绢布浸水少许，水的深度以既使小鱼不会很快死去，又不能自由游动而只能横卧蹦跳为度（大约 2 厘米）。由于小鱼的跳动，很快引诱幼蛙趋向饵料台摄食。小鱼投喂 1～2 天后，可将鸡、鸭、鱼等的肉、内脏切成大小适合幼蛙吞食的长条形，混在引诱物质中投喂。小活杂鱼在饵料台内蹦跳带动肉条等震动，幼蛙误认为都是活饵而将其吃掉。以后每天逐渐减少小活鱼的比例，增加死饵比例，以至全部投喂死饵或全部人工配合饵料。实践中，也可用蝇蛆、黄粉虫幼虫、蚯蚓作为引诱的活饵，但要注意饵料台底最好紧贴水面而不进水。②颗粒饵料直接投喂法。将人工配合饵料需制成适于幼蛙口型大小的颗粒状，最好为浮性。驯化时先将驯化池水降低到池底浅处刚好露出水面，而在深处幼蛙后腿仍不能着底，幼蛙都在浅水处休息，将浮性颗粒散在浅水处，由于幼蛙的跳动等造成水面波动，浮于水面的颗粒饵料也随之波动，引诱幼蛙摄食。或在幼蛙池边架设一块斜放的木板，伸入池中，往木板上端投放颗粒饵

料，使颗粒饵料能沿木板缓缓滚入池水中，诱引幼蛙捕食。也可在饵料台上方安装一条水管，让水一滴一滴地滴在饵料台中，水的振动使台中颗粒饵料随之而动，幼蛙误认为是活饵而群起抢食；形成习惯后即使不滴水，幼蛙也会进入饵料台采食。

用颗粒饵料驯食一段时间后，可将驯化池中个体较大的食用蛙移向别池饲养，留下个体较小并已习惯摄食颗粒饲料的幼蛙，再把未驯化的幼蛙放入驯化池。投喂颗粒饵料时，已驯化幼蛙的摄食可刺激和带动未驯化的蛙摄食。每次留下的已驯化的幼蛙最好不要少于未驯化蛙的1/5。

（2）食性驯化应注意的问题　食用蛙两眼间距较大，不能形成双眼视觉，无法判断静物距离，对静物不能成像，看不见静物。由于活饵来源有限，人们以人工或借助食用蛙本身动力使静止饵料对蛙产生微动的方法来驯化食用蛙采食人工饵料，其驯化成功的关键是制造死饵的动感。具体方法很多，读者可根据实际情况选用或自行设计。但无论采用什么方法，为取得良好效果，必须重视以下事项：①及早驯化。幼蛙食性驯化的开始时间要依实际情况而定，如果直接在蝌蚪池饲养幼蛙，待其完全变态，有3～5天的陆栖生活时间后，即可开始食性驯化，这样容易建立起条件反射，食性驯化成功率高。②循序渐进，持之以恒。驯化开始时应由只投喂活饵，改为以活饵为主，并适当配合死饵。随着驯食进程，逐步减小活饵投喂比例而相应增大死饵的投喂比例。一个蛙群全部通过驯化，一般需15天以上。这是一个自然过程，不能强行加快。幼蛙对驯化的记忆不牢固，摄食死饵仅仅是一种条件反射。驯化要循序渐进，少量多次，死饵或人工配合饵料的比例由少到多，不可操之过急，造成不食、饥饿或死亡。为巩固驯食成果，对通过驯化的幼蛙应坚持在固定时间和地点投喂死饵，一般一天两次，形成习惯后，到时幼蛙便会自动到饵料台上等待喂食。③最好采用专门的驯化池。驯化池不宜过大，一般用3~5米见方的水泥池，池底有一定的坡度，无任何隐蔽物即可，池中除饵料台外不应有任何可供休息的陆地或悬浮物。这样迫使幼蛙只能到饵料台上休息，有利于食性驯化。为保证水质清新，池水以缓流池水最佳。如果不是缓流水，要经常换水，并及时清除剩余饵料及杂物，防止其腐败影响水质。④分群驯化。驯化时，幼蛙大小分开，要分级分群，防止大小、强弱不均造成争食、不食或饥饿，甚至相互残伤。驯化的瓦群要有一定的密度，一般每平方米不少于50只，最多可达400~500只，如果数量过多摄食不均匀，易出现两极分化。

五、成蛙饵料的投喂

刚变态的幼蛙，个体幼小，体内营养在漫长的变态过程中消耗很大，应及时饲喂幼蛙易捕食的适口小动物，如蚯蚓、蝇蛆、面包虫、小昆虫、小鱼苗等活饵。经一段时间后，随着个体的增长，幼蛙食量不断增大，此时要广辟饵料来源，采取多条途径、多种方式解决饵料供给问题。如果是小型的庭院养殖或半人工粗放养殖，依靠灯光、植草诱集昆虫和野外收集饵料生物等方法，就可确保饵料供给。但在进行规模化大量养殖时，诱虫只能作为饵料来源的一个补充途径，主要供给必须依靠人工投饵。成蛙人工投饵有两种方法：一是投喂人工培育或捕捉的各种鲜活饵料；二是进行人工驯食，驯化蛙采食静态饵料。

第四章 | **食用蛙动物活性饵料的**
采集与培育

第一节　蝌蚪常用动物活性饵料的培育

一、浮游生物的培育

浮游生物是蝌蚪的主要天然饵料。在蛙卵开始孵化前向蝌蚪池中投放发酵腐熟的牛粪、猪粪或鸡粪等有机肥；施肥量依池水的肥瘦而定，一般每平方米施肥 0.5 ~ 1 千克。当蝌蚪下池时，池中就会有浮游植物供蝌蚪摄食。浮游生物培育也可在一个固定的小池中培育，当池中能繁殖出大量的浮游生物时，可将带有浮游生物的池水定期泼入蝌蚪池，供蝌蚪摄食。

二、草履虫的培育

草履虫属于原生动物门的纤毛纲，是一类体型较大的单细胞动物，在自然界广泛分布，是食用蛙幼体培育阶段的理想活饵料。草履虫种类很多，其中，体型最大和最常见的是大草履虫。

（1）生活习性　草履虫通常生活在水流速度不大的水沟、

池塘和稻田中，大多积聚在有机质丰富、光线充足的水面附近。水温14~22℃，繁殖最旺盛，数目最多。

（2）配制培养液 草履虫培养液的配制方法通常有以下几种。①稻草培养液：取新鲜洁净的稻草，去掉上端和基部的几节，将中部稻茎剪成3~4厘米长的小段，按1克稻草加清水100毫升的比例，将稻草和清水放入大烧杯中，加热煮沸10~15分钟，当液体呈现黄褐色时停止加热。这样的液体，由于加热煮沸，只留下了细菌芽孢，其他生物已均被杀死，为培养草履虫创造了良好条件。为了防止空气中其他原生动物的包囊落入和蚊虫产卵，烧杯口要用双层纱布包严。放置在温暖明亮处进行细菌繁殖。经过3~4天，稻草中的枯草杆菌的芽孢开始萌发，并依靠稻草液中的丰富养料迅速繁殖，液体逐渐混浊，等到大量细菌在液体表面形成了一层灰白色薄膜时，稻草培养液便制成了。由于草履虫喜欢微碱性环境，如果培养液呈酸性，可用1%碳酸氢钠调至微碱性，但pH值不能大于7.5。②麦粒培养液：将5克麦粒放入1 000毫升清水中，加热煮沸，煮到麦粒胀大裂开为止。然后在温暖明亮处放置3~4天，便制成了麦粒培养液，此时培养液中已繁殖有大量的细菌。③酵母培养液：取2克干酵母粉，用少量清水调成糊状，加清水250毫升，几小时后接种草履虫。④牛奶培养液：取一匙脱脂奶粉，用少量清水拌成糊状，然后注入500毫升开水，充分搅拌均匀，冷却后接种上草履虫，保持适宜温度。

（3）接种与培养 先将含有草履虫的水液吸到表面皿中，再将表面皿置于低倍显微镜或解剖镜下检查，发现有草履虫后，用口径不大于 0.2 毫米的微吸管，将表面皿中草履虫逐个吸出，接种到培养液的广口瓶中繁殖。将接种有草履虫的培养液的广口瓶，容器口要用纱布包严放在温暖明亮处培养。约 1 周后，就会有大量草履虫出现。如果是长期培养，每隔 3 天左右需更新一次培养液。更新时，用吸管从广口瓶底部吸去培养液及沉淀物，每次吸去一半，加入等量新鲜培养液。这样可长期保存草履虫。

如果水样中混杂微型生物的种类和数量过多，不易排除，就需要采用逐步扩大法。一般是取水样，在凹玻片内滴 1～2 滴，在显微镜下，边观察边用微吸管吸走其他微生物。当凹坑水中无任何其他微型生物而只含草履虫时，往凹坑放少许培养液，25～30℃ 下培养，每日补加 1/3～2/3 培养液。如果几天后，草履虫数量有所增加，就将其转入表面皿或培养皿，继续扩大培养。如果再过几天后草履虫纯化培养效果理想，数量又有所增加，就要再转入大容器继续培养，一直到大容器培养液出现云雾状群落，镜检全是草履虫时为止。

（4）采收　草履虫繁殖数量达到顶峰，如不及时捞取，次日便会大量死亡。因此一定要每天捞取，同时补充培养液，如此连续培养，连续捞取，就可不断地提供活饵。

三、枝角类的培育

枝角类又称水溞，俗称红虫。隶属于节肢动物门、甲壳纲、枝角目，是淡水水体中最重要的浮游生物组成之一。枝角类不仅蛋白质含量（干重的 40%～60%）较高，含有鱼类营养所必需的重要氨基酸，且维生素及钙质也颇为丰富，是黄鳝、泥鳅的理想活饵料。以往对枝角类的利用主要采用池塘施肥等粗放式培养，或人工捞取天然资源，这些都在很大程度上受气候、水温等自然条件限制。随着水产养殖业的蓬勃兴起及苗种生产的不断发展，对枝角类的需求不仅数量大，同时要求能人为控制，保障供给。因此，近年来大规模人工培养枝角类已受到普遍重视。

（1）培养种类及条件　应选择营养的生态耐性广、繁殖力强、容易培育、体型大小适中的枝角类种类，溞、长刺溞及裸腹溞属中的少数种类均适于人工培养。人工培养的溞种来源广泛，一般水温18℃以上时，一些富营养水体中经常有枝角类大量繁殖，早晚集群时可用浮游动物网采集；在室外水温低，尚无枝角类大量繁殖的情况下，可采取往年枝角类大量繁殖过的池塘底泥，其中的休眠卵（冬卵）经一段时间的滞育期后，在室内给予适当的繁殖条件，也可获得溞种。枝角类虽多系广温性，但通常在水温16～18℃大量繁殖，培养时水温以18～28℃为宜。多数种类在pH值为6.5～8.5环境中均可生活，最适pH值为7.5～8.0。枝角类对环境溶氧变化有很大的适应性，培养时池水溶氧饱和度以70%～120%最为适宜。有机耗氧量应控制在20毫克/升左右。枝角类对钙的适应性较强，但过量镁离子（大于50毫克/升）对生殖有抵制作用。人工培养的溞类均为滤食性种类，其理想食物为单细胞绿藻、酵母、细菌及腐屑等。

（2）培养方式　枝角类的培养水温10～28℃，pH值为7.2～8.5，培养方法分室内培养、室外培养和工厂化培养。

①室内培养。室内培养规模小，条件易于人为控制，适于种源扩大。一般可利用单细胞绿藻、酵母液培养。可盛水的容器，例如玻璃缸、塑料桶、陶瓷缸及烧杯、塑料桶等都可作为培养容器。利用绿藻培养时，可在装有清水（过滤后的天然水或曝气自来水）的容器中，注入培养好的绿藻，使水由清变成淡绿色，即可引种。利用绿藻培养枝角类效果较好，但水中藻类密度不宜过高，一般小球藻密度控制在 200 万个/毫升左右，而栅藻 45 万个/毫升即可，密度过高反而不利于枝角类摄食。利用酵母培养枝角类时，其营养缺乏不饱和脂肪酸，故在投喂鱼虾之前，最好用绿藻进行第 2 次强化培育，以弥补单纯用酵母的缺点。②室外培养。室外培养枝角类规模较大，若用单细胞绿藻液培养，占时占地，工艺复杂。因此，通常采用池塘施肥或植物汁液培养。土池或水泥池均可作为培养池，池深约 1 米，大小以 10～100 平方米为宜，最好建成长方形。首先要清池，第一种方法是用 30～40 毫克/升漂白粉；第 2 种方法是用 8 毫克/升敌百虫；第 3 种方法是用 200 毫克/升生石灰。第 1 种方法处理的池子 3～5 天后便可使用，第 2、3 种处理方法需经 7 天后才可使用。清塘后的池中注入约 50 厘米深的水，然后施肥。水泥池每平方米投入畜粪 1.5 千克作为基肥，以后每隔 1 周追肥一次，每次 0.5 千克左右，每立方米水体加入沃土 2 千克，因土壤有调节肥力及补充微量元素的作用。土池施肥量应较高，一般为水泥池的 2 倍左右。利用植物汁液培养时，先将莴苣、卷心菜或三叶草等无毒植物茎叶充分捣碎，以每平方米 0.5 千克作为基肥投入，以后每隔几天，视水质情况酌情追肥。上述两

种方法，均应在施基肥后将池水暴晒 2~3 天，并捞去水面渣屑，然后引种。也可采用酵母与无机肥混合培养，每立方米水体施用 30 克酵母和 65 克硫酸铵或 37.5 克硝酸铵，以后每隔 5 天追肥一次，用量按上述减半。引种量以每平方米 30~50 克为宜。如其他条件合适，引种后经 10~15 天枝角类大量繁殖，布满全池，即可采收。③工厂化培养。采用培养槽或生产鱼苗用的孵化槽都可以，培养槽从几吨至几十吨，可以用塑料槽或水泥槽，一般 1 个 15 吨的培养槽其规格可定为 3米×5米×1米，槽内应配备通气、控温和水交换装置。为防止其他敌害生物繁殖，可利用多刺裸腹溞耐盐性强的特点，使用粗盐将槽内培养用水的盐度调节到 0.1%~0.2%。其他生态条件应控制在最适范围之内，即水温 22~28℃，pH 值为 8~10，溶氧量 5 毫克/升以上。枝角类接种量为每吨水 500个左右。如用面包酵母作为饲料，应将冷藏的酵母用温水溶化，配成 10%~20% 的溶液后向培养槽内泼洒，每天投饵 1~2 次，投饵量约为槽内溞体湿重的 30%~50%，一般以在 24小时内被吃完为宜。接种初期投饵量可稍多一些，末期酌情减少。如果用酵母小球藻混合投喂，则可适当减少酵母的喂量，接种 2 周后，槽内溞类数量可达到高峰，出现群体在水面卷起漩涡的现象，此时可每天采收。如生产顺利，采收时间可持续 20~30 天。

（3）培养技术要点 ①用于培养的溞种要求个体强壮，体色微红，最好是每一个性成熟的个体，显微镜下观察，可见肠道两旁有红色卵巢。而身体透明、孵育囊内负有冬卵、种群中有较多雄体的都不适宜接种。②人工培养枝角类虽工艺简单，效果显著，但种群的稳定性仍难以控制，甚至短时间（一昼夜或几小时）内会发生大批死亡现象。为了便于管理，培养池面积宜小而池子的数量宜多。③正常情况下，枝角类以孤雌生殖方式繁殖，种群生长迅速，但环境条件一旦恶化或变化剧烈即行两性生殖，繁殖速度明显减慢。因此，培养时应保持环境相对稳定，避免饥饿、水质老化及温度、pH 大幅度变化。同时应注意观察枝角类的状态，如发现枝角类体色淡、肠道呈蓝绿色或黑色、夏卵数量少、卵呈浅蓝绿色，并出现大批雄溞和负冬卵的个体、种群中幼体数少于成体数现象，均由培养情况不良造成，应抓紧时间采取措施或重新培养。④培养池四周不应有杂草，杂草丛生不仅消耗水中养分，更易使有害生物繁殖。夏秋傍晚时分，应用透气纱窗布将培养容器或池盖严，以防蚊虫入水产卵。小型枝角类繁殖快，鱼类适口性好。⑤连续培养，每次溞类采收量应控制在池内现存量的 20%～30%，一般可用 13 号浮游生物手抄网采集成团群体。生产结束时，为给下一次培养准备溞种，可在培养达到较大密度时，在较高水温条件下（25～30℃），突然中断投喂饵料，饥饿数天，获取大量冬卵。冬卵可吸出后阴干，装瓶蜡封，存放在冰箱或阴凉干燥处。也可以不吸出，留在原培养容器或池塘中，再次培养时，排去污水，注入新鲜淡水，冬卵即会孵化。

四、水蚯蚓的培育

水蚯蚓（亦称丝蚯蚓、红线虫、沟虫等）是环节动物水生寡毛类的俗称，是淡水底栖动物区系的重要组成部分。已知水生寡毛类共5科约28属70余种，分属于两个目。在水蚯蚓养殖中，较常见、分布范围较广、数量较大、较适合养殖的种类有苏氏尾鳃蚓、霍甫水丝蚓、中华颤蚓、淡水单孔蚓等。因水蚯蚓对环境适应性强，易于培育，增殖速度快，而且其营养全面、适口性好、不坏水质，是食用蛙的优良天然饵料。水蚯蚓的培育可以采用池养，亦可田养，还可利用现成的沟、渠、坑等水体进行培养。以池养的产量最高，每平方米产量可达0.45千克。

（1）生物学特征　水蚯蚓成虫体圆筒形，细长，体长20～70毫米，直径0.2～1毫米，由100～120个环节构成。通常每节有刚毛4束，尤以尾部为长。雌雄同体，卵生，幼虫至成虫体色由乳白向浅红色、红色、红褐色渐变。红虫适宜在pH值为6.8～8.5的淤泥中，且富含有机质、腐殖质的土壤中生长，最适生长温度为15～25℃，高于28℃或低于8℃，红虫即停止生长繁殖，超出30℃可致死亡。江南常以9月底投苗养殖，至翌年5月份随幼虫生长改喂饲料其养殖捕捞而结束。

（2）养殖池的建设　宜建在水源充沛、排灌方便的地方，池子采用长条形或者环形，池长15～30米，宽1.2米，深0.3米，规模大的可多个长条形并列。池底用混凝土铺筑，向出水口方向倾斜，坡降为0.5%，进、出水口均设栅网，以防敌害侵入。

（3）制备料培养　池底先铺一层铡碎的干秸秆或煎渣等疏松材料，每平方米用量约2.5千克，其上铺一层污泥，使

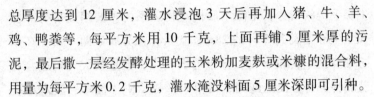

总厚度达到 12 厘米，灌水浸泡 3 天后再加入猪、牛、羊、鸡、鸭粪等，每平方米用 10 千克，上面再铺 5 厘米厚的污泥，最后撒一层经发酵处理的玉米粉加麦麸或米糠的混合料，用量为每平方米 0.2 千克，灌水淹没料面 5 厘米深即可引种。

（4）引种　春天当气温回升到 25～28℃时是最佳引种时期，在水蚯蚓富集的污水坑、幽或沟渠处把蚯蚓连同夹带卵块、幼蚓的污泥、废渣等一起采回，均匀地撒铺在培养料上，每平方米接种 0.8～1 千克，引种即告完成。

（5）饲养管理　水蚯蚓喜欢在 pH 值为 5.6～9 的环境中生活，爱吃甜酸味饲料，粪肥应按常规办法在坑幽内自然腐熟，粮食类应先粉碎在气温高于 20℃时加水发酵 24 小时，待散发出浓郁的酒香味方可投喂，以后每隔半月每平方米追施腐熟粪肥 0.3～0.4 千克，从开始采收成蚓起，每次采收后追施粪肥 0.5 千克，粮食饲料 0.1 千克。水蚯蚓池的水要保持常流不断，流速要适中，若流速、流量过大，蚯蚓体能消耗也过大，而且带走部分养料和卵茧；水流太小则不利于溶氧供给和代谢物的排出，造成水质恶化引起疾病，池面水深应保持 3～5 厘米。每次每平方米投喂 0.5 千克精饲料和 2 千克牛粪，稀释均匀泼洒。每 3 天投 1 次，投喂的饲料需经 10 天发酵处理。投饲时应停止注水。为防止蚓池培养料板结，排出代谢产物和饲料分解过程中产生的有害气体；抑制杂草、浮萍及藻类的生长，保持水流通畅，增加池中溶氧等，必须坚持定时搅动蚯蚓池，其频率和力度根据具体情况灵活掌握。

（6）采收　水蚯蚓的繁殖力强，以倍数的速度生长，但是寿命仅能 3 个月左右，所以必须及时采收，以提高养殖效益。采取方法是于头天晚上中断流水或减少大部分流量，造成池中缺氧状态，迫使蚯蚓云集于基料表面，第二天清晨用小抄网顺利地回取蚓团。为了提纯水蚯蚓，可把一桶蚓团先倒入方形滤布中在水中淘洗，除去泥沙，再倒入大盆摊平，使其厚度不超过 10 厘米，表面铺上 1 块罗纹纱布，淹水 1.5～2 厘米深，用盆盖盖严，密闭约 2 小时后（气温超过28℃时，密闭时间要缩短，否则会闷死水蚯蚓），水蚯蚓会从纱布眼里钻上来。揭开盆盖，提起纱布四角，即能得到与渣滓完全分离的纯水蚯蚓。此法可重复 1～2 次，把渣滓里的水蚯蚓再提些出来。盆底剩下的残渣含有大量的卵茧和少许蚓体，应倒回养殖池。

（7）暂养与运输　若水蚯蚓当天无法用完或售尽，应当暂养。暂养时，每平方米暂养池暂养的水蚯蚓以 10～20 千克为宜，每 3～4 小时定时搅动分散一次，同时需每天换水一次，以防其长时间的聚集成团而造成缺氧死亡。暂养时间一般不超过 3 天。需要长途运输时，途中时间超过 3 小时以上的，应用双层塑料薄膜氧气袋包装，每袋装水蚯蚓不超过 10 千克，加清水 3 千克，充足氧气，气温较高时袋内最好加适量冰块，以减少死亡，确保安全运抵目的地。

五、摇蚊幼虫的培育

摇蚊幼虫又名血虫，是昆虫纲、双翅目、摇蚊科幼虫的总称，各类水体中均有广泛分布，全世界已经鉴定的约 3 500 多种。摇蚊幼虫虫体营养全面，含干物质 1.4%；干物质中，蛋白质含量为41%~62%，脂肪2%~8%，其大小适宜，适口性好，是蝌蚪的优良饵料。

（1）生物学习性　摇蚊成虫体形微小至中型。体形大体与蚊虫（蚊科）相似，多纤长脆弱，但大型种类较为粗壮。体色多样，白色、黄色、淡绿色、黑色不等，可有鲜明的色斑。体不具鳞片。摇蚊的生活史经过卵—幼虫—蛹—成虫4个阶段。多数每年有两个世代，第一个在春季（5~6月），第二个在夏季（8~9月）。摇蚊雌雄异体，成虫几不取食，或摄食少量含有糖分的液体。夜间有强向光性，灯下常见。羽化后常有婚飞习性，雄成虫成大群在清晨或黄昏群飞，雌虫被吸引入群后即行交尾。在温暖的季节，水里食物丰富，雌摇蚊产的卵不需要受精，每次产卵几枚至几十枚，在母体的孵化囊里直接发育成小摇蚊，这些小"摇蚊"通常都是雌性。这种孤雌生殖方式使摇蚊能在短时间内大量繁殖。当环境转为不利时，夏卵中会有一部分孵出雄虫。雄虫比雌虫小，体形也略不同，这时摇蚊转入两性生殖，产出的卵称作冬卵，每次产1~2枚，必须受精后才能发育。冬卵休眠一段时间，度过严寒或干燥等不良环境，再继续发育，孵出的是雌虫，又进行新一代的孤雌生殖。据试验，冬卵干燥20年以上仍能孵出"摇蚊"。幼虫期占据整个生活史的大部分时间，由2周至4年不等，一般为4~5月。

幼虫淡色，部分种类因体液中含有血红素而身体呈血红色。身体细长，各体节粗细相近（图4-1）。初孵的摇蚊幼虫具趋光性，经过3~6天浮游生活后，转入底栖生活，利用藻类、腐屑、细沙、淤泥、唾液腺所分泌丝状物筑巢，多数

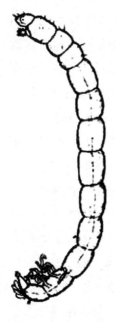

图 4 - 1 摇蚊幼虫

种类筑成两头开口的管形巢。随着幼虫转入底栖，幼虫由趋光性改为背光性。幼虫经 4 次蜕皮后进入蛹阶段，每蜕皮 1 次，体色加深，从淡红色、鲜红色、深红色至变成黑褐色的蛹。幼虫的食性，除了环足摇蚊属中某些专吃植物的种类外，其余种类可分肉食性与杂食性两大类。肉食性种类以甲壳类、寡毛类和其他摇蚊幼虫为食。而杂食性则以细菌、藻类、水生植物和小动物为食。

（2）培育池的建设 摇蚊幼虫培育池的大小、深浅、结构等都没有特别的要求，最好选择池深 50 厘米左右的水泥池，池底均匀铺上 5～8 厘米厚富含有机物的淤泥（泥土粒径 < 80 目）并加 20～30 厘米深的水。每 100 平方米施用经发酵的猪粪等有机 150 千克。在施用有机肥后，用 1 毫克/千克漂白粉带水消毒。

（3）接种与管理 每年的春季，当水温上升到 14℃ 以上，气温在 17℃ 以上时，自然会有很多摇蚊在培育池中产卵繁殖；经 2～7 天卵便孵化出膜。刚孵化的摇蚊幼虫营浮游生活，生活期为 3～6 天，以各种浮游生物、菌胶团和有机碎屑等为食。在此期间应经常向池中泼洒发酵过的有机肥，使池水维持较高的肥度。浮游生活之后，摇蚊幼虫逐渐转为底栖生活，主要以有机碎屑为食。此期间要定期向池中泼洒发酵过的有机肥或直接在池中投放陆草，让陆草腐烂发酵。在光照强烈的夏季，要适当加深池水，使池水深度维持在40~50厘米，或在池子的上方加盖凉棚、搭设葡萄架等。培养摇蚊幼虫的池水不需加以特别管理；但如果池水过于老化，而变成臭清水，光线大量透射到水底时，会影响摇蚊幼虫的生活。此时可更换部分池水，并向池中适当施发酵过的有机肥。

（4）采收　摇蚊幼虫的生长发育速度快，其生物量全年都能维持在较高的水平。多数摇蚊在春夏两季都各能完成一个世代。捕捞可根据摇蚊幼虫生长情况而定，一般为初次采收时间为施入底肥的15天后，或为添加粪肥后的5天后，当摇蚊幼虫个体长到最大，还未羽化前采收最佳。每个养殖池在其摇蚊幼虫高峰期可连续采收3~5天。捕捞前，先用孔径为1.5毫米左右的网将池中大颗粒的烂草败叶捞去，然后排去部分池水，再铲取底泥，用孔径为0.6毫米的筛网筛去淤泥，即可取得摇蚊幼虫。

第二节　幼蛙、成蛙动物活性饵料的培育

一、蚯蚓的养殖

蚯蚓俗称曲蟮，中药称地龙，属于环节动物门寡毛纲的陆栖动物。据测试分析，蚯蚓干物质占鲜重的12%~21%，蚯蚓干体含蛋白质53.5%~76.1%、糖原等碳水化合物11%~17.4%、脂肪12.89%、矿物质7.8%~23%，还含有多种维生素及酶等物质。

（1）蚯蚓的生物学特性 蚯蚓的身体由许多环节组成，每一个环节大都具有相同的构造。蚯蚓约有 60～320 节，有些热带蚯蚓，环节可达 600 节或者更多。当蚯蚓发育到性成熟时，在蚯蚓的前部出现一个环带，也叫生殖带，一般长度占 3～12 节。环带的颜色和其他部分有明显的不同，有的呈乳白色，俗称白颈，有的呈肉红色、红棕色和米黄色。环带在身体的位置、形态、长短和颜色，是蚯蚓分类中的一个非常重要的特征。蚯蚓雌雄同体，但繁殖时，通常是异体交配受精。在自然条件下，除了严冬或干旱之外，蚯蚓一般在暖和季节都能繁殖，但在温暖潮湿的季节繁殖快。蚯蚓通常在夜间交配，交配时间约 2 小时，交配时两条蚯蚓互相倒抱。交配后 1～12 天开始产卵，蚯蚓的卵由黏液包着的几个卵成团产出，称为卵茧或卵包。蚯蚓将卵茧产在进洞口深处约 1 厘米的土层里。卵茧形状及大小，根据蚯蚓的种类不同而有较大变化，通常椭圆形、卵圆形、麦粒形。大小如黄豆、小豆、麦粒，甚至有如小米粒，直径 2～7.5 毫米。卵茧孵化至橙红色时幼蚓出壳，每个蚓茧一般有幼蚓 2～6 条。15～20℃，经 14 天孵化出幼蚓；22～27℃，6～7 天即可孵出幼蚓。在人工饲养条件下，蚯蚓生长繁殖较快，幼蚓 30 天即可收获，35～40 天可成熟产卵，6 个月的种蚓则衰老，需要更新。蚯蚓喜温、喜湿、喜静、怕光、怕震、怕盐，昼伏夜出，是夜行性变温动物，也是生物界最不怕脏的动物之一。它白天栖息于潮湿、通气性能良好的土壤中，深度一般 10～12 厘米，适宜温度 6～30℃，适宜繁殖温度 15～25℃，32℃以上停食，40℃以上死亡，湿度在 20%～80%，pH 值为 6～8 都能生活，对强酸、强碱的反应敏感，二氧化碳、硫化氢、氨气及甲烷含量高，会造成其逃失或死亡。蚯蚓的食性庞杂广泛，除金属、塑料、玻璃、橡胶外，包括污泥、生活垃圾等几乎什么都吃。喜食富含蛋白质、糖类的腐烂有机物和杂草、落叶、蔬菜碎片、畜粪等。太平2号、北星2号、赤子爱胜蚓等，在投发酵牛粪后，生长发育最快，产量最高。

（2）养殖蚯蚓常见的品种　蚯蚓在我国分布有4科、160余种。人工养殖的主要有以下几种：①赤子爱胜蚓，俗称红蚯蚓，属粪蚯蚓类。本种由于人工养殖的发展，其分布已遍及全国。该种趋肥性强，在腐熟的肥堆及腐烂的有机质（如纸浆污泥）中可以发现，繁殖力强，适合人工养殖。本种在我国有好几个品种（北京条纹蚓、重庆赤子爱胜蚓、眉山赤子爱胜蚓、太平2号和北星2号）。②威廉环毛蚓，该种个体较大，成熟个体体长一般在100毫米以上，大的可达250毫米，体宽在6～12毫米。本种为土蚯蚓，喜生活在菜园地肥沃的土壤中，适于人工养殖。其地理分布在我国湖北、江苏、安徽、浙江、北京、天津等省、市。③湖北环毛蚓，属大型种类，体长70～230毫米，体宽3～8毫米，体节110～138节。在土粪堆、肥沃的菜园土中易发现，主要分布于我国湖北、四川、重庆、福建、北京、吉林等省、市及长江下游各省、市。④参环毛蚓，是我国南方的大型蚯蚓种类，鲜体重每条可达20克左右。体长115～375毫米，体宽6～12毫米。该种分布在我国南方沿海的福建、广东、广西壮族自治区、海南、台湾、香港、澳门等省、区，是广东的优势种。⑤背暗异唇蚓，据记载，过去我国仅在新疆有分布，现发现在北京市亦有分布。其体长 80 ~ 140 毫米，体宽 3 ~ 7 毫米，体节 93 ~ 169 节。该种喜欢生活在含有机质丰富而湿润的土壤中，适合人工养殖，但繁殖率较低。⑥川蚓一号，该种一号由台湾环蚓、赤子爱胜蚓及赤子爱胜蚓的太平 2 号品种经多元杂交选育出来的一个新品种。本种的个体均匀，鲜红褐色，体长 100 ~ 200 毫米，体宽 6 毫米左右。该杂交种周年可繁殖，产卵包多，平均 2 天产一卵包，每卵包可孵化幼蚓 4 ~ 10 条。

（3）蚯蚓人工养殖应具备的条件　蚯蚓对生存环境条件的要求并不苛刻，只要满足其对温度、湿度、饲料等要求，在室内、外用容器或在露天农田中均可养殖。养殖蚯蚓的地方和养殖容器需要具备以下基本条件：水源方便，但场地不渍水，避风向阳，空气流通；便于人工管理操作，便于采捕蚯蚓；没有工业、化学污染源，所采用的容器或房屋等没有装过农药等对蚯蚓有害物质，容器材料本身不含芳香性树脂、鞣酸、酚油等化学物质；对蚯蚓有危害的各种天敌、病原微生物较少，一旦发生危害，能有办法加以控制；有条件的地方还要求考虑比较容易实施升温、降温、遮阳等措施。

（4）蚯蚓养殖的方法　蚯蚓养殖方法众多，采用何种方式养殖蚯蚓应根据当时、当地的条件而定。有条件地方，可把养殖的场地设施安排得规范、豪华一些。没有条件的地方可因陋就简，利用现成的旧盆、钵、筐或肥堆、坑函、沟糟或闲置的窑洞、破房或农田养殖。

①坑养及砖池养法。在房前屋后的空地或树荫下，直接挖坑或砌砖池培育。土坑或砖池深度一般 50 ~ 60 厘米，培育面积根据需要而定。坑内或池内分层加入发酵好的饲料。先

在底层加入 15～20 厘米厚的饵料，上面铺一层 10 厘米的肥沃土壤，然后放入蚯蚓进行养殖。如蚯蚓较多，可在沃土上面再加一层 10 厘米的饵料，上面再覆 10 厘米的肥土。此法适于环毛属蚯蚓及赤子爱胜蚓的养殖，养殖环毛蚓时要求保持土壤湿度 30% 左右。

另外，也可每年春季在桑园、果园、蔗田及经济林木、公园林荫间或农作物间开挖宽 35～40 厘米、深 15～20 厘米的林间沟或行间沟养殖蚯蚓，挖好后填入腐熟的猪牛粪肥及生活垃圾，上面盖土，放入蚯蚓后，再在土上盖些草皮和秸秆、树叶等遮阳保水。养殖期间沟内保持潮湿而不积水，使种蚓在其中定居繁殖。②堆肥养法。在宽 1～1.5 米、高 0.6 米、长 3～10 米的发酵腐熟肥堆或工厂废弃有机物中，直接放入"大平 2 号"或赤子爱胜蚓养殖。如果养殖环毛蚓则应把初步腐熟的有机饲料和肥土按 1∶1 混合，或分层把饲料和肥土相间堆积，每层 10 厘米厚，堆高约 60 厘米，放入蚯蚓养殖。此法适于南方养殖，北方在 4～10 月的温暖季节也可采用。③棚养法。棚养法养殖蚯蚓与种蔬菜花卉的塑料大棚相似。培育棚内中间留出通道，两侧设宽 2.1 米、床面为 5 厘米高的拱形培育床，培育床四周用单砖砌成围墙，两侧设排水沟。培育床内填料、填土方法同池养。④箱养法。可采用箱、筐、盆、罐、桶等多种容器，在良好的养殖条件下，每年可增殖 200～500 倍，最高可达 1 000 倍。饲养前，先将制备好的饲料放入各种容器内，按每平方米面积放养赤子爱胜蚓 1.5 万～3.0 万条，每 10～15 天添 1 次饲料，保持 60%～70% 的湿度。养殖 2～3 个月，翻箱收获，以每平方米可产蚯蚓 15～30 千克。⑤农田养殖。土栖为主的蚯蚓在农田养殖，既能帮助改良土壤促进农作物增产，又能收获蚯蚓，还可大大降低蚯蚓的养殖成本。这种养殖方法的缺点是受自然条件影响较大，单位面积蚯蚓的产量低，且不易采捕。在养殖蚯蚓的农田中，不能种植柑橘、脐橙、柚子、松、杉、柏、樟、橡、桉等树木，因这些树种的落叶含有许多芳香油脂、鞣酸、树脂或树脂液等对蚯蚓有害物质，并促使其逃逸。另外，农田中不能使用氨水等非中性的化学氮肥（尿素可用），也不能使用农药，特别不能将农药直接施入土壤中。⑥立体式饲育床养殖。在房屋中建立体式饲育床养殖蚯蚓不仅能充分利用空间，便于管理，节约成本，而且生产效率高。据测定，用这种养殖法在 4 个月内增殖率为室外平地养殖的100 倍。房中建立体式饲育床养殖，能够人为调节好室内的小气候，尽量满足蚯蚓在生长发育和繁殖需要的条件。此法是许多养殖公司通常采用的方法之一。

（5）基质饲料的制备　饲料的好坏是人工养殖蚯蚓成败的关键。能用作蚯蚓食料的有机物在自然界中十分丰富，如畜禽粪便、农副产品加工后的下脚料、酿造后的废料（如酒糟等）、糖渣、造纸后的废浆、木材加工后的锯末、刨花、废纸、生活垃圾（如鱼禽内脏、残菜、剩饭等）、各种杂草、落叶、朽木枯枝、藤蔓、瓜果及各种动物尸体、食用菌下脚料和栽培食用菌后的菌块等。这些原料在使用前都要经过充分的发酵腐熟。用发酵过的动物粪饲养蚯蚓比用腐烂后的植物有机质喂养蚯蚓的产量要高出几倍甚至几十倍。

①基质原料的选择。不同种类的蚯蚓食料的喜好不同。

如赤子爱胜蚓喜食经发酵后的畜禽粪便，爱吃堆肥及含蛋白质和糖源丰富的饲料，尤其喜欢具有甜酸味的腐烂瓜果、香蕉皮等。而背暗异唇蚓更喜食植物的枯枝落叶及食用菌的腐烂物。多数蚯蚓对酸甜味、腥味有趋性，故在饲料中加入洗鱼水和鱼内脏、烂鱼、禽内脏、含酸甜味的瓜果等物质，能增加蚯蚓的食欲和食量。因此，在饲养蚯蚓时要留心其对食料的喜好程度，结合本地实际选择好饲料或蚯蚓的种类。蚯蚓饲料中所含的营养成分主要取决其碳氮质量比，一般认为，碳氮质量比在 20~30 比较合理。通常在配制饲料时用 60% 的粪料和 40% 的草料搭配发酵，其营养就能满足蚯蚓发育和繁殖的需要。养殖蚯蚓虽然比较粗放，但在规模化养殖中每个环节都不能马虎。饲料未经完全发酵腐熟投给蚯蚓，不仅使之拒食，而且会在蚓床上（或饲养容器内）二次发酵产生高温并放出有毒害的气体（如氨气、硫化氢、甲烷等），引起蚯蚓死亡。尤其是畜禽粪便中有大量的蛋白质和氮，未完全腐熟用作饲料就会出问题。判断饲料是否完全发酵的标准是：饲料细、软、烂，肉眼不见未完全腐烂的物质，没有刺激性的气味，黑褐色，质地松软，不黏滞。为了以防万一，对发酵后的饲料先试投，即取部分饲料放在床上，挖出 20~30 条蚯蚓放在新饲料的表面，如果蚯蚓很快进入新料内不往外爬，说明饲料充分腐熟，可以放心使用。②堆沤发酵饲料的方法。养殖蚯蚓的原料一般要进行堆沤发酵处理，以便蚯蚓取食。发酵处理前，作物秸秆或粗大的有机废物要先切碎，垃圾则应分选过筛除去金属、玻璃、塑料、砖石或炉渣等，再经粉碎。家畜粪便及木屑，则可不加工，直接发酵处理。经过处理的有机物质，可与树叶、杂草、畜禽粪便混合加水拌匀后堆积发酵（含水量控制在45%～50%）。堆高0.65～1米、宽1米，长度不限，外部覆盖塑料薄膜，以保温保湿。经过4～5天发酵，料温上可升到45℃以上（最高可达60℃），经15～20天后温度逐渐下降。在发酵中后期，最好将料堆上下翻动一次后继续堆放发酵。此时温度又逐渐升高，然后再下降至常温，高温发酵即告结束。最后，在料堆上喷水，使水分达到60%～70%，再低温发酵5～10天即可使用。发酵腐熟的堆料呈黑褐色或棕色，松软不黏手，闻不到酸臭味。此时，把堆料摊开，排掉其中的有毒气体，放少量蚯蚓试养。有条件的地方，还应检测堆料的酸碱度，过酸可添加适量的石灰中和，过碱则用水淋洗去盐，使之适合蚯蚓生长繁殖的需要。

（6）蚯蚓的管理

①投喂。不同的养殖方式，投喂饲料方法有别。下面列举几种投喂方法供养殖者参考。饲养者亦可根据各自情况，从实践中摸索最佳的投喂方法。正常培育以后，每15～20天要检查蚯蚓是否已经吃完饲料。如果饲料表面出现1厘米厚的蚯蚓粪，池内的饲料已基本成粉末状，则表明饲料已经吃完，要及时添加新料，保证饵料不断。饲养面积较大的添料可采用以下方法：Ⅰ.当养殖床的饵料消耗完后，在前端空床位铺入新饵料，料堆上面覆一层4平方米的铁丝网，网眼1厘米×1厘米。把邻近的旧饵料堆连蚯蚓一起移到新饵料堆的铁丝网上，再在空出的床位上铺上新饵料。如此轮换堆积，依次采取一倒一的流水作业法，把全部养殖床的旧料更新完毕。Ⅱ.当表层饵料已消耗粪化时，在旧料表面添加10～15

厘米厚的新饲料。Ⅲ. 把养殖床分成两半,一半堆积饵料进行养殖,当饵料消耗完后,在旧饵料的侧面添加新饵料。经 2~4 天,蚯蚓(尤其是成蚓)大部分移入新料中,幼蚓及卵茧则留在旧料中,可将其移入孵化床,进行培育。②种蚓更新。为了保持种蚓有旺盛的繁殖能力,一般使用 180 天后种蚓就要更新。把老龄种蚓作商品蚓(饵料)处理,以新的体质肥大、环节明显的作新种蚓。③分级饲养。蚯蚓有一种习性,成蚓不能大小混养,必须适时做好大小分离。在添加饵料、蚓粪及卵茧分离过程中,逐步形成分级饲养,建立种蚓、幼蚓、成蚓三级饲养的高产养殖模式。④防天敌、防毒和防病害。蚯蚓的天敌较多,常见的有螨、蚂蚁、青蛙、蟾蜍、蛇、麻雀及其他鸟类、鼠、蜈蚣、苍蝇、壁虱、甲虫、蚂蟥等。要防止上述天敌侵袭,并设法消灭它们,才能确保蚯蚓的丰收。同时要预防农药和消毒药品对蚯蚓的杀伤。另外,在蚯蚓养殖过程中,饲料中未发酵过的蛋白质易变酸产生气体,增大土壤酸度,导致蚯蚓的生殖带红肿、全身变黑、身体缩短,出现念珠结节,最后引起死亡并自溶。因此,应定期检查基料床内基料,防止酸化。发现病害后要及时调整饲料酸碱度,翻料增加通气,并采取适当措施。

(7)蚓茧的孵化管理 蚯蚓一般将卵产于蚓粪或剩余的饲料中,人为很难把卵包与蚓粪、残饲料分开。收集卵包通常是把蚓粪和残饲料一起收集起来,单独放在其他容器或空床上让卵孵化。同一批次的卵包放在一起孵化。不能将不同批次的卵包混在一起孵化。卵的孵化对温度、湿度有一定的要求,特别是温度影响孵化的时间和成功率。有人观察证明,赤子爱胜蚓的卵在 10℃时，平均需要 65 天才能孵出幼蚓；在 15℃时，平均仅需 31 天，孵化率可达 92%；在 20℃时，平均需 19 天；在 25℃时，平均需 17 天；在 32℃时，平均需 11 天，但孵化率仅 45%，且每个卵包孵出的幼蚓只有 2.2 条。而在 20℃时，平均每个蚓茧可孵出 5.8 条幼蚓。由此说明温度的管理对卵的孵化十分重要。通常认为卵的孵化在 20℃左右最为合适。卵包在孵化过程中湿度管理亦很重要，蚓粪过干、过湿都会对卵包有害，过干会使卵包失水，过湿会使卵包吸水后破裂，还会引起缺氧反应或发生霉变。蚓粪和残饲料混合物的湿度保持在 50%～60% 是比较有利卵孵化的。如果湿度不够，只能采用喷雾法增加含水量，不宜泼浇加水。另外，孵化的场所应保持良好通风条件。

（8）蚯蚓的采集　蚯蚓采集时间一般以夏、秋季节为好。采集方法依据具体情况而定。人工饲养的蚯蚓，其采集方法可根据不同的饲养方法而定。常用的方法有诱饵法和木箱采收法。诱饵法是在有许多小孔隙（2～3 毫米）的透孔容器中放入蚯蚓爱吃的饲料，然后埋入养殖槽或养殖池中，引诱蚯蚓聚集于该容器中，再把蚯蚓取出来。此法简便易行，效率高。木箱采收法仅适用于木箱饲养。将养殖木箱放于阳光下，蚯蚓便迅速钻至箱底，将木箱翻转，蚯蚓即暴露在其表面，很易捡取。另外，还有机械分离法，即把充分繁殖好的蚯蚓、蚓茧和剩余饲料装入喂料斗，开动马达，饲料会振碎，从 4 号筛漏入 1 号筛中，蚓粪、部分蚓茧落入 5 号箱中回收，剩余物到达 2 号筛时，拍打饲料块使之进一步破碎，下滑到 3 号筛，大约 50% 的小蚯蚓和 50%～70% 的蚓茧、细土落入 6

号箱回收。剩余物再下降到 9 号输送器，其中，大蚯蚓爬附于输送器上，经水平方向输送到 10 号箱回收，其他大而硬未破碎的残余物落入最下面的箱内。这样就大致把蚯蚓、蚓粪、蚓茧和小蚯蚓分离出来（图 4 - 2）。

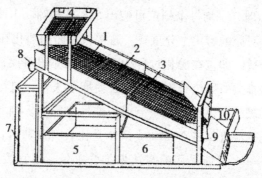

图 4 - 2   蚯蚓收获机具

1 ~ 4. 孔眼不同的方筛   5、6. 料箱   7. 固定支架

8. 电动机   9. 输送装置并带动筛下拍打装置   10. 收集箱

二、黄粉虫的培育

黄粉虫，又叫面包虫，为鞘翅目、拟步行科、粉甲属的昆虫。可以代替蚯蚓为泥鳅等的活饵料。黄粉虫营养价值高，干幼虫含粗蛋白质 64%，脂肪 28.56%，蛹含粗蛋白质 57%，成虫含粗蛋白质 64%，是人工养殖食用蛙的好饵料。黄粉虫养殖技术简单，一人可以管几十平方米养殖面积，并可立体生产。黄粉虫无臭味，在居室中养殖，设备简单，成本较低。1.5 ~ 2 千克麦麸可以养成 0.5 千克黄粉虫。

（1）生活习性   黄粉虫成虫体长约 18 毫米，体长呈长椭圆形，深褐色，有光泽，腹面与足褐色，有触角、鞘翅。成虫喜欢在夜间活动，爬行迅速。成虫虽然有翅，但绝大多数不飞跃或飞不很远。成虫羽化后 4～5 天开始交配产卵。交配活动夜间多于白天。一次交配需几小时。成虫的寿命为 3～4 个月。一生中多次交配，多次产卵，每次产卵 6～15 粒，每只雌虫一生可产卵 30～350 粒，多数为 150～200 粒，卵粘于容器底部或饲料上孵化。虫卵白色，椭圆形，长约 1.3 毫米。胚胎发育时间随温度高低而异，在 10～20℃时需 20～25 天方能孵出，25～30℃只需 4～7 天就可孵出。初孵出的幼虫白色，后转黄褐色，节间和腹面淡黄色。幼虫大约经 75～200 天的饲养，一般体长达到 25～30 毫米，体粗达 8 毫米，最大个体长 33 毫米，粗 8.5 毫米。幼虫喜欢群集，其活动的适宜温度为 13～32℃，最适温度 25～29℃，低于 20℃极少活动，低于 0℃或高于 35℃即难以生存，有被冻死或热死的危险。幼虫生长最适温度为 80%～85%，但耐干旱能力强，未眠幼虫化为蛹，蛹光身睡在饲料堆中，无茧包被。在幼虫生长过程中，第一次蜕皮后，以后每隔 6～7 天蜕皮 1 次，幼虫期共蜕皮 6～7 次。每次蜕皮虫体就增大一些。幼虫长到 50 天以后，开始化蛹，蛹长 15～20 毫米，淡褐色，鞘翅短，呈弯曲状。蛹期较短，温度在 10～20℃时，15～20 天即可羽化，25～30℃时，6～8 天可羽化。室温在 20℃以上和湿度在 60%～80%时，蛹经 7～9 天羽化为成虫。蛹有时活动，将要羽化成为成虫时，身体不时地左右旋转，几分钟或十几分钟便可蜕掉蛹衣羽化为成虫。

　　黄粉虫爱吃杂粮，主要饲料是麦麸和米糠。幼虫和成虫在缺食时会互相残杀，因此，要按不同虫态期的发育阶段，分别饲养。黄粉虫对光的反应不强烈，但强光照射不利于其生长、发育。室温在13℃以上时取食，在5℃以下进入冬眠，在35℃以上停止生长，在25～30℃生长繁殖旺盛。人工饲养条件下，完成一个生长周期约需3个月，全年均可生长繁殖。黄粉虫为雌雄异体。成虫羽化3～5天后性成熟，便开始自由交配，交配后1～2个月为产卵盛期。每只雌虫产卵80～600粒，平均260粒。如采用配合饲料，提供适当温度、湿度，加强护理，每只雌虫产卵量可达880粒以上。

（2）培育用具　黄粉虫培育技术较为简单，可大面积的工厂化培育。培育室要求门窗装纱网，能防鼠、苍蝇、蚊子；屋外四周有防蚂蚁的水沟；室内装有天花板，冬暖夏凉，有加温设备，以保持秋冬和春季黄粉虫繁殖生长所需的温度，室内地面用水泥抹平。培育室内安装若干排木架或（铁架），每只木架分3～4层，每层间隔50厘米，每层放置一个培育槽。培育槽有两种，一种是种成虫槽，一种是幼虫槽与孵化槽。种成虫槽长60厘米、宽40厘米、高6厘米，底为18目铁纱网，网眼大小使成虫可伸出腹端产卵管至铁纱网下麸皮中产卵为宜，但不能使整个身体钻出网外。四面侧壁上缘平贴宽2厘米左右的透明胶带，以防成虫爬出箱外。每个种虫槽网下均垫一块面积略大于网底的胶合板，胶合板上垫一张同等大小的旧报纸，铁纱网与旧报纸间匀撒并填满麸皮，铁纱网上放些颗粒饵料和切碎的叶菜。每个种虫槽内养成虫200～1 000克（2 000～10 000只）。幼虫槽与孵化槽一般长60厘米、宽40厘米、高8厘米，塑料或木质均可（1～2月龄以上的幼虫应养于木质虫箱），木制虫槽四壁及底面均不得有缝隙，侧壁上缘也应贴胶带或上油漆，以防小虫外逃。幼虫槽和孵化槽箱底面用塑料或木质底板，而不用铁纱网。

（3）黄粉虫的饲料　黄粉虫易饲养，但并不是说什么饲料都可以，研究表明，养殖黄粉虫与其他养殖业一样需要配合饲料，即在麦麸的基础上适量加入添加剂。配合饲料的配方也很多，现从一些参考资料上摘选几个配方，读者可因地制宜灵活采用：①精饲料 1：麦麸、米糠的比例 1：1 加入适量的酵母粉（西药店购的酵母片需捣成碎末）；或麦麸加少量多种维生素（以维生素 C、B 族维生素为主）。饲料要保持新鲜，不霉变，最好在烈日下翻晒，或高压消毒。②精饲料 2：麦麸 70%，玉米粉 25%，大豆 4.5%，饲用复合维生素 0.5%。以上成分拌匀，经过饲料颗粒机膨化成颗粒，或用 16% 的开水拌匀成团，压成小饼状，晾晒后使用。此饲料主要饲喂生产用幼虫。③精饲料 3：麦麸 40%，玉米麸 40%，豆饼 18%，饲用复合维生素 0.5%，饲用混合盐 1.5%。加工方法同精饲料 2 的加工方法。用于饲喂成虫和幼虫。除精饲料外，在饲养过程中常常需要一定的青饲料搭配饲喂，青饲料一般用青菜叶、丝瓜叶、龙葵叶、革命草、胡萝卜片。下料时要洗干净，以防病菌感染或残留农药。一般 1~2 千克糠麸加 1 千克左右的青料，可得 0.5 千克黄粉虫。另外，大规模养殖时，可使用发酵饲料，利用麦草、木屑、树叶、杂草等，经发酵后饲喂。采用含木质纤维的饲料，既可降低养殖成本，又可将废弃的农、林、副产品转化为优质的动物蛋白质，不与牲畜争饲料，带来巨大的社会、生态效益。

加工过程中应注意保持饲料的卫生，保持饲料质量最重要的因素是饲料的含水量，黄粉虫饲料的含水量一般不能超过16%，如果含水量过高，与虫粪混合在一起易发霉变质，黄粉虫摄食了发霉的饲料会造成其患病，幼虫成活率降低，蛹期不易正常完成羽化，羽化成活率低。在工厂大规模养殖时，将饲料加工成颗粒形较好。颗粒饲料含水量适中，经过膨化时的瞬间高温处理，起到了消毒灭菌和杀死害虫的作用，而且使饲料中的淀粉糖化，更有利于黄粉虫消化吸收。加工时应分别加工成不同直径的颗粒来适应不同龄期的黄粉虫取食，小幼虫的饲料直径在0.5毫米以下，大幼虫和成虫的饲料直径在1~5毫米。此外，还要注意饲料的硬度，过硬的饲料不适合饲喂，特别是小幼虫的饲料更要松软一些。没条件加工饲料的可将原料用16%清水拌匀晒干备用。对生其他虫的饲料要先高温消毒灭虫，或暴晒再用。

（4）黄粉虫的饲养管理

①卵的收集和孵化。成虫羽化后，在成虫产卵盒的卵筛纱网下面铺一张纸作接卵纸，撒少量麦麸，将成虫放入产卵盒中，成虫密度以每平方米5 000~10 000只为宜。雌雄比为（3.5~5）∶1。为使成虫能正常交配产卵，应用精饲料和青饲料饲喂成虫。用水将精饲料和成小团，投放在卵筛纱网上，青菜切成小方块。一次投放饲料不宜过多，应以当天投放的饲料当天吃完为好。每3天取一次接卵纸，转移到幼虫盒中撒上一薄层精饲料，接卵盒中则另换上新的饲料和纸，供成虫产卵，如此反复收集卵。将同批产的卵放在一个幼虫盒中，同期孵化的幼虫放在一起饲养。②小幼虫的饲养管理。0~1

月龄、体长 1 厘米以下的幼虫称为小幼虫。黄粉虫卵经 6～7 天孵化后，头部先钻出卵壳，体长约 2 毫米。它啃食部分卵壳后爬至孵化槽麸皮内，并以麸皮为食。此时应去掉旧报纸，将麸皮连同小幼虫抖入槽内饲养。在正常饲养管理条件下，至 1 月龄时的幼虫成活率约 90%。小幼虫孵出后应立即供给饲料，否则会啃食卵和刚孵出的幼虫。每次放麸皮约 1 厘米厚，麸皮表面撒些碎叶菜。当麸皮吃完，均变为微球形虫粪时，可适当撒一些麸皮。这期间的管理主要是控制料温在 20～30℃（最适料温 27℃ 左右），空气湿度 65%～70%。要特别注意的是养虫数量多、密度大时，因虫体运动相互摩擦，常使料温高于室温，因此温度控制必须以料温为准。1 月龄时即用 80 目丝网过筛，筛去虫粪后将剩下的中幼虫均匀分至 2 个中幼虫槽中饲养。③中幼虫的饲养管理。1～2 月龄、体长 1～2 厘米的幼虫称中幼虫。1～2 月龄的中幼虫生长发育增快，耗料渐多，排粪也增多。每天早晚各投喂麸皮、叶菜类碎片 1 次，投喂量各为中幼虫体重的 10% 左右。实际喂量要看虫体健康、虫日龄、环境条件（如温、湿度）等灵活掌握；每 7～10 天筛除虫粪 1 次，筛孔约 40 目；2 月龄时筛除粪后，将每槽幼虫分成 2 份，放入大幼虫槽。通过 1 个月饲养，中幼虫经第 5～8 次蜕皮，体长可达 10～20 毫米，体宽约 1～2 毫米，每条体重约 0.07～0.15 克。中幼虫在环境控制上应做到：将虫群内温度控制在 20～32℃（最适温度 27℃ 左右），空气相对湿度为 65%～70%，室内黑暗或弱光。④大幼虫的饲养管理。2 月龄后，体长 2 厘米以上的幼虫称为大幼虫，变蛹前幼虫称为老熟幼虫。2 月龄的大幼虫摄食多、生长发育快、排粪也多。当蜕皮第 13 ~ 15 次后即成为老熟幼虫。大幼虫群集厚度约 1 ~ 1.5 厘米，不得厚于 2 厘米。老熟幼虫摄食渐少，不久则变为蛹。当老熟幼虫体长达到 22 ~ 32 毫米时，体重达 0.13 ~ 0.26 克，体重达到高峰，是作活饵的最佳期。大幼虫日耗料为自身体重的 20% 左右，其中，麸皮和鲜叶菜各占一半。大幼虫饲养管理要做到供料充分，做到当日投料，当日吃完，粪化率达 90% 以上；每 5 ~ 7 日筛粪 1 次；投喂叶菜要求新鲜，但含水量不宜过大，特别是雨天饲喂，菜要晾干；当出现部分老熟幼虫逐渐变蛹时，应及时挑出留种，以避免幼虫啃食蛹体。如不需留种者，则应在变蛹前将老熟幼虫用作活饵。大幼虫料温控制在 20 ~ 32℃，最适料温 27℃左右，空气相对湿度 65% ~ 70%。此外，还要注意防止大幼虫从箱中外逃或天敌入槽危害。当黄粉虫长到 2 ~ 3 厘米时，除筛选留足良种外，其余均可作为饵料用。使用时可直接用活虫投喂。⑤分离蛹和成虫。幼虫化蛹时，应及时将蛹与幼虫分离，否则幼虫会咬食蛹。分离蛹的方法有手工挑、过筛选蛹等。少量的可用手工挑选，蛹多时用筛网筛出，然后将蛹集中放在蛹盒里，同一天化的蛹放在一起。在同一批蛹中，成虫羽化有时也不一致，先羽化的成虫会咬食尚未羽化的蛹，所以，应及时将羽化的成虫与蛹分离开来。有几种分离成虫的方法，一是投放菜叶诱集成虫，即在成虫羽化时往蛹盒中放一些较大的菜叶片，成虫爬到菜叶上取食，然后将菜叶连同成虫一起取出，放到成虫产卵盒中；二是用浸湿的黑布盖在蛹盒中的蛹和成虫上面，过 1 ~ 2 小时成虫爬到黑布上，把黑布移至成虫产卵盒中，拿下成虫；三是成虫比较少时直接可用手挑出。⑥种虫的繁殖。种虫应从生长快、肥壮的老熟幼虫箱中选择刚变出的健康、肥壮蛹。挑蛹前要洗手，以防化学药品（烟、酒、化妆品等）损害蛹体。为防止幼虫将蛹咬伤，选蛹要在化蛹后 8 小时内进行。每槽选留蛹 1.0 千克，约在 0.25 平方米的槽内选放 2 500～10 000 只均匀铺一层在槽底，其上平盖一张旧报纸。蛹在槽底不能堆积成厚层，不能挤压，放后不能翻动、撞击。将装有蛹的孵化槽送入种成虫室后，将蛹羽化温度控制在 25～30℃，空气相对湿度 65%～75%，6～8 天即有 90% 以上的蛹羽化为成虫。为防早羽化的成虫咬伤未羽化的蛹体，每天早晚要将盖蛹的旧报纸轻轻揭起，将爬附在旧报纸下面的成虫轻轻抖入种虫槽内。如此经 2～3 天操作，可收取 90% 的健康羽化成虫。每个种虫槽放种成虫 1 千克，约 1 万只。

蛹羽化后 1～3 天，种成虫活动由弱变强，此期间可不投喂饲料。羽化后第 4 天，成虫开始交配、产卵，进入繁殖高峰期，除提供产卵条件外，每天早、晚投放适量配合饲料，另加适量的富含水分、维生素的叶菜类。饲料投喂量以上次投后刚能吃完为准，如上次投的配合饲料未吃完，不必清除，适当补加一部分即可。上次未吃完的叶菜类往往干燥后卷缩，隔日从种成虫槽内收集后，放在该槽槽底取出的旧报纸上方麸皮内，再将旧报纸（上面匀铺有麸皮及少量蜷缩的残余叶菜类碎片，其内均有成虫产的卵）依次层叠放在一个孵化槽中。依据成虫的产卵能力及麸皮内卵的数目，种成虫槽每隔 2 天更换 1 次旧报纸及其上面的麸皮。种成虫产卵 2 个月后，已过产卵高峰期，生产能力下降，这时应淘汰全箱成虫，以

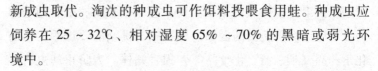

新成虫取代。淘汰的种成虫可作饵料投喂食用蛙。种成虫应饲养在 25～32℃、相对湿度 65%～70% 的黑暗或弱光环境中。

（5）病虫防治 黄粉虫抵抗能力强，很少发病。但管理不当、气温过高、饲料过湿等也会引起黄粉虫患软腐病或干枯病。所以，日常管理应注意清理残食，通风降湿。除此之外，要注意饲料带螨，饲料有螨的可用日晒处理。如一旦发现黄粉虫患螨病，可用 40% 三氧杀螨醇 1 000 倍稀释液喷杀。

■ 三、家蝇的人工养殖

家蝇的幼虫称为蝇蛆。蝇蛆以畜禽粪便为食，其生长繁殖速度极快，据推测，一对家蝇 4 个月能繁殖 2 000 个蛆，从卵发育到成虫仅需 10～11 天。而且其人工培育技术简单不需很多设备，室内室外、城市农村均可养殖。鲜蛆含粗蛋白质 15%、粗脂肪 5.8%，并含有蛙类生长必需的氨基酸、维生素和无机盐，必需氨基酸总量是鱼粉的 2.3 倍。人工养殖蝇蛆成本低、见效快，是提供营养价值高的蛋白质饲料的新途径。

注意：在饲养过程中要特别注意操作人员安全，因为在大量饲养家蝇时，饲养室中会有大量氨气和二氧化碳，要注意通风，对剩余饲料应及时集中处理，防止对环境造成污染。

（1）家蝇的生活习性 家蝇是完全变态昆虫，它的发育过程经过卵、幼虫、蛹、成虫（即蝇）4 各阶段。家蝇卵乳白色，呈长椭圆形，长约 1 毫米，雌蝇将卵产于粪便和垃圾上。卵经 8～15 小时孵化，孵化出蝇蛆，刚孵出的蛆长 2 毫米，无足，透明，随后逐渐变成淡黄色。约经 4 天，蜕皮 3 次，钻入土中化蛹。蛹期有时可长达数周。羽化后成虫从土中爬出。家蝇羽化后 5 天，雌蝇即交配产卵，随后每隔 2 ～ 3 天产卵一次。每只雌蝇一般产卵 4 ～ 6 次，每次约 100 粒，一生平均产卵 500 粒，最多可达 2 000 粒。

（2）饲养设备

①养虫室。养虫室为砖木或水泥结构，房间大小应根据养蝇数量确定，不能选择存放过化肥、农药、化工原料或其他有毒物质的旧房。地板、墙角平整，无裂缝，具有防鼠设施。可在室内配备控温、控光等设备，实现周年养殖。成蝇和蝇蛆既可分开养殖，也可在同一房间内养殖。一般认为日产 10 千克蝇蛆，所需饲养房大小为 4.5 米 × 3 米 × 3 米，分开养殖时，前半间光线充足，可用于成蝇饲养，后半间光线较暗，用于饲养幼虫。设纱门、纱窗，以防成蝇逃逸，并可防止蜘蛛、壁虎等天敌侵入。因房内容易聚集氨气等有毒气体，人进入其中应小心，并要安装排气扇。②多层养虫架。可用砖砌成固定式，也可用木条或角铁制作。其规格根据需要而定，养虫架每层距离为 25 ～ 30 厘米，层与层之间以木条相隔，上方、后面及两侧为窗纱，前面为纱门；砖砌养虫架上方为水泥板，后面及两侧为砖壁，前面安装纱门。③蝇笼。蝇笼可用铁丝或木条做架子，规格自定，在顶部和四周蒙上窗纱或 60 目铁丝网做网罩，外面用其中一面留有纱布袖套，以便于操作。为增加成蝇栖息面积，可在蝇笼内悬挂布条，蝇笼内还应配备饮水器、饲料盘和产卵器。④育蛆器具。小规模养殖可采用缸、盒、箱等育蛆。一般用 0.6 米 × 0.45

米×0.1米箱，上面用纱网覆盖，放置于多层饲养架上，多层饲养架可用木条或金属制成。大规模养殖则可采用长方形育蛆池，育养蛆池由外池、投食池、集蛆桶3部分组成（图4-3），其外池规格一般为1.2米×0.8米×0.2米，池底不能渗水，上面用纱网覆盖，为充分利用空间，还可建造多层育蛆池，每池均设纱门。室外养殖可用砖建成养蛆池，池周围开排水沟，池上方修雨棚或防雨盖。⑤集卵器。可用不透明的塑料筒或塑料杯做集卵器，一般直径6厘米，料盆做诱卵器。

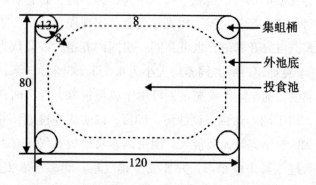

图4-3　育蛆池正视示意图（单位：厘米）

（3）家蝇的饲料

①成蝇饲料配方。成蝇营养状况与产卵量的多少密切相关，其饲料原料主要有奶粉、红糖、白糖、鱼粉、蝇蛆浆、糖化发酵麦麸、糖化面粉糊、蚯蚓浆等配制而成。配制成蝇饲料时需要整含有足够的蛋白质及糖类，成蝇饲料可制成干料，也可制成湿料。干料具有便于保存、购买方便等优点，而且不像湿料那样容易粘住家蝇腿使之不能起飞而导致死亡。

所以，家蝇饲料一般以制成干料为好。根据家蝇生长发育需要，可以采用如下配合方式配合饲喂：奶粉＋红糖；牛奶（羊奶）＋红糖；熟蛋黄＋红糖；鱼粉（蛆粉）＋红糖；蛆浆＋红糖；豆粉（面粉）＋红糖。以上这些饲料中，奶粉＋红糖最好。另外，刚羽化出来的成蝇体弱，没力气，饲喂蛆浆或牛奶，容易被粘住而死，所以刚羽化出来的家蝇最好还是喂奶粉为宜。②幼虫饲料配方。家蝇幼虫蝇蛆的饲料相当广泛，养殖时家蝇幼虫饲料配制应遵循饲料原料来源广、利用方便、价格便宜、安全的宗旨，充分利用当地资源。除麦麸外，豆面、酒糟、豆渣、酱油渣、葵花皮、玉米轴粉、鸡粪、猪粪、牛粪、烂鱼等都是蝇蛆的好饵料。实践中，家蝇幼虫饲料配方常用的有：Ⅰ.猪粪80%＋酒糟10%＋玉米或麦麸10%。Ⅱ.猪粪60%＋鸡粪40%。Ⅲ.鸡粪60%＋猪粪40%。Ⅳ.鸡粪100%。Ⅴ.屠宰场新鲜猪粪（猪拉下3天以内）100%。Ⅵ.牛粪30%＋猪粪或鸡粪60%＋米糠或玉米粉10%。Ⅶ.豆腐渣或糖渣、木薯渣20%～50%＋鸡猪粪50%～80%。Ⅷ.鸡粪70%＋酒糟30%。Ⅸ.啤酒糟17%＋玉米粉3%，新鲜猪粪80%。Ⅹ.啤酒糟90%＋玉米粉10%。

　　上述配方以Ⅰ、Ⅱ、Ⅲ、Ⅶ蛆产量较高。使用时要求充分拌匀后发酵。发酵的方法有两种：Ⅰ.水发酵技术。在池中先放30厘米深的水，加入少量发酵粉和EM细菌，把粪倒入池中，搅拌一下，用膜密封，3天后粪开始浮起水面，第5～6天时取浮起的粪送入蛆房养蛆。此技术最大的优点就是蛆的生长速度和爬出速度都快，还可在一定程度上消除对苍蝇产生有害的气体，降低死亡率；缺点是从水中捞起粪料太麻烦，此发酵技术较适合从屠宰场出来较粗的粪料。Ⅱ.普通发酵方法。把粪料配制好后均匀地加入少量 EM 活性细菌（每吨粪料加 5 千克），用膜密封在室外阳光下发酵，在第三天把粪翻动，再加入 3 千克 EM 活性细菌拌入粪中。让高温腐熟粪料 6 天以上即可使用。此方法简单，产量较高，猪、鸡等粪料都适合此项技术。但由于黏性较重，蛆爬出较慢，部分蛆爬不出而因此在粪中变成了蛹。

（4）种蝇的饲养管理

①种蝇来源。起始虫源的好坏对养殖的成功与否有很大影响，适应性差或生活能力差的虫源会使新建种群过早衰退。种蝇来源可分两种途径，一种是诱捕，即在家蝇活动季节，将适宜的产卵基质放在室内或室外，引诱成蝇产卵，羽化后的成蝇即可作为种蝇。一般可用麦麸、米糠加上 0.01% 的碳酸氨水溶液配制成半干半湿状，放入集卵器中即可，也可用畜禽粪便直接制成产卵基质。另外一种途径是从研究单位或家蝇养殖场引种，引种时应注意引进优良品系，引种后应注意防止退化，不断选育、复壮。②将蝇蛹放入蝇笼。羽化缸可用食用玻璃罐或瓶。将已清洗、消毒并已晾干的留种用的蛹计量后放入羽化缸中，表面覆盖潮湿的木屑或幼虫吃过的潮湿的培养料，放入已准备好的蝇笼中（1~2 个羽化缸/笼），待其羽化。③种蝇饲喂。将家蝇蛹接入种蝇笼或蝇房后，一般经 4~5 天即可羽化，当蛹有 5% 左右羽化为成蝇时应及时供给饵料、清水。饲料供应量以当天吃光为原则。以 1 万只种蝇每日饲料用量计，需奶粉 5 克、糖 5 克。饲喂时按上述比例混合后，加适量水煮沸、冷却后装入一个小盆内，

小盆中放入几根短稻草，以供种蝇舔吸；或直接用器皿盛放奶粉、红糖喂食。温度较低时，可在每天上午将饲料盘取出清洗并添加新的饲料，同时更换清水。夏季高温季节，每天上下午各喂一次饵料。④成蝇的管理。人工养殖蝇蛆应充分地利用养殖空间，以达到高产目的。试验表明：蝇笼饲养每只种蝇最佳空间为 11～13 立方厘米。房养成蝇的密度，春秋季每立方米空间放养 2 万～3 万只；夏季高温季节，以每立方米空间放养 1 万～2 万只成蝇为宜，如果房舍通风降温设施完善，还可适当增加饲养密度。

蝇群结构是指不同日龄种蝇在整个蝇群中的比例。种群群体结构是否合理，直接影响到产量的稳定性、生产连续性和日产鲜蛆量。控制蝇群结构的主要方法是掌握较为准确的投蛹数量及投放时间。为了连续生产，一般可采用两种方式：循环生产和全进全出。循环生产为每隔 6～7 天投放一次蝇蛹，每次投蛹量为所需蝇群总量的1/3；这样，鲜蛆产量曲线平稳，蝇群亦相对稳定，工作量小，易于操作。循环方式的优点是卵量稳定，可保证蝇蛆稳定生产，种蝇管理工作量小。缺点是不产卵的种蝇仍占有空间，消耗饲料，且长时间不对蝇笼清洗消毒，造成种蝇患病的风险增大。为解决这一问题，可采用定时按比例更换蝇笼的方法。全进全出方式就是除旧更新，在 15～20 天，所有的种蝇全部处死，摘下蝇笼窗纱，清洗消毒，重新加入即将羽化的蝇蛹，开始新一轮的种蝇饲养。应用这一方式需每天淘汰一定比例的笼内种蝇，可以提高养殖空间利用率，减少饲料浪费，但比较费工。⑤环境控制。饲养家蝇温度以 25～30℃，相对湿度50%～80%。家蝇成蝇在此条件下，经 3～4 天即可羽化。盛夏天气炎热时，可以通风散水降温，有条件的可以安装控温仪和通风扇并配上湿度计。适宜的光照可刺激成蝇采食、产卵，成蝇的光照以每日 10～11 小时为宜。随时检查有无敌害，如蚂蚁、蜘蛛、壁虎等。⑥蝇卵收集。成蝇羽化后 3 天即可开始产卵，此时就应该在蝇笼或养蝇室中放置集卵器。将麦麸或米糠加上 0.01% 的碳酸氨水溶液搅拌成半干半湿状，用手捏成团、触之即散为宜，作为诱集家蝇产卵物质，装入集卵器中，装入数量为集卵器高的 1/4～1/3。家蝇产卵时间一般在 8：00～15：00 时，因此，应在每天 12：00 时和 16：00 时各收集卵 1 次，收集时，将卵和诱集产卵物质一同放入幼虫培养室，集卵器洗净后装入新的诱集产卵物质，重新放回蝇笼。成蝇产卵历期一般为 25 天左右，但高峰期一般在羽化后 15 天内，因此，羽化后的成蝇饲养 20 天后就应该淘汰，可将蝇笼中饲料盘、饮水盘取出，使家蝇饿死，也可升高温度促使其死亡，清除死蝇后的蝇笼应用稀来苏儿或稀碱水浸泡，洗净晾干后再用。蝇卵用灭菌水清洗后，放在 5% 的甲醛溶液中浸泡 5 分钟，再用灭菌水清洗数次后放在垫有灭菌滤纸的培养皿中培养，待幼虫孵化后移入幼虫饲养箱中饲养。

（5）蝇蛆（幼虫）的饲养管理

①接卵。在每立方米养蛆池中放入约 40 千克饲料，厚度以 5 厘米为宜，为便于通气，饲料表面可高低不平。每平方米接蝇卵 20 万～25 万粒（20～25 克），将蝇卵均匀撒在饲料表面。接卵时，一定不要将卵块破坏或者将卵按入培养料底部，以免蝇卵块缺氧窒息孵不出小幼虫。也不能将卵块暴露

在表层，这样易使卵失去水分不能孵出幼虫。接卵时需注意最好不要将第1天和第2天收集到的卵混合，以免其孵化期不同，造成不同日龄的蝇蛆之间抢食。②管理。幼虫饲养室应保持黑暗条件，室内温度20℃左右，饲料温度25~35℃。低龄幼虫特别是1龄幼虫需要较高温度，幼虫老熟后则需要较低的温度、湿度。幼虫孵化后，逐渐向下取食，随着幼虫的活动、取食，饲料会逐渐变得松软成海绵状，臭味减少，含水量降低，体积减小，此时可根据幼虫密度、生长取食及饲料消耗情况适当补充新鲜饲料，否则蝇蛆容易逃逸。3天以后，将上层变色饲料和排泄物清除，再添加新鲜饲料。卵孵化出的第2天是蝇蛆生长的关键时期，这段时间要严格控制温度、湿度、通风等环境条件和饲料质量。幼虫应保持适当密度，密度过高，易造成拥挤和营养不良；密度过低，饲料不能充分利用，剩余饲料容易结块和发霉，造成浪费。当密度适宜时，幼虫取食活跃，生长发育整齐。养蛆盒上面要加纱网盖，防止蝇蛆逃逸及老鼠、蚂蚁侵入。③蛆的分离回收。蝇卵孵化后，经过4天的培养，若不留种即可分离待用。若留作种蝇需继续培养直至化蛹。Ⅰ.人工分离法：分离幼虫时，利用幼虫的负趋光性，将要分离的蛆培养盘放到有光线的地方，由于蛆畏光，向下爬，这时可用铲子将上部废料轻轻铲出，反复多次，直至把废料去净为止。Ⅱ.筛分离法：将要分离的蛆连同饲料一齐倒入分离筛中，蛆逐渐向饵料下层蠕动，并通过筛孔掉到下面的容器内，而废料留在上面，达到分离目的。具体操作实例可参照以下方法，利用分离箱（或池）（图4-4和图4-5）将幼虫从培养基质中分离出来。

分离时把混有大量幼虫的饲料放在筛板上，打开光源，人工搅动培养基质，幼虫见光即下钻，不断重复，直至分离干净；最后将筛网下的大量幼虫与少量培养基质，再用16目网筛振荡分离，即可达到彻底分离之目的。

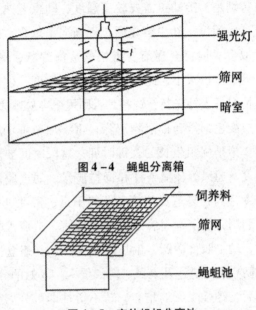

图4-4　蝇蛆分离箱

图4-5　室外蝇蛆分离池

（6）蛹的管理

①留种蝇蛹的选留。留作种的蝇蛆经过4~5天的培育熟后即化蛹。研究表明，蛹重与所羽化的家蝇成虫平均产卵量呈正相关。留种时应选择个体粗壮、生长整齐的蝇蛆，在化蛹前一天把蝇蛆从培养料中分离出来。方法是清除表层的培养料，剩下少量的培养料和大量的蝇蛆，次日蝇蛆基本成蛹并在培养料上面，可将蛹转入羽化缸内并放入蝇笼内待其羽

化成蝇。②蛹的保存。蝇蛆成熟后就会转化成蛹状。蛹不吃也不动。蝇蛆转化成蛹之后在不必要的情况下最好不要去惊动它，否则会影响羽化率。蝇蛹期虽然不吃不动，仍然呼吸和消耗体内水分，仍需置于通风干燥处，不能放在密闭的容器内，而且要保存在一定湿度的环境中。当空气中湿度太小时，可通过喷水、盖布（湿）来保湿。将蛹箱送入种蝇室内后，不要翻动撞击。保存中要防止各种化学品（如烟、酒、化妆品、药剂等）与虫蛹接触，并注意防止蚂蚁。保存期间，仔细观察，及时捡出病死蛹。保存中要杜绝蛹及蛹羽化后外逃。引起蛹很长时间未见羽化的原因以下有几种：一是由于蝇蛆期间没有足够的养料，蛹是勉强变的；二是保存过程中在高温干燥环境下，导致脱水死亡；三是被水浸泡时间过长引起。

第五章　牛　蛙

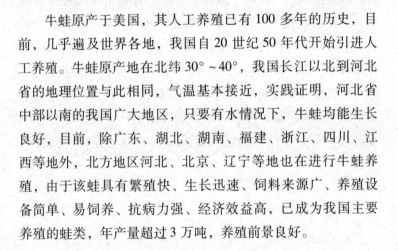

　　牛蛙原产于美国，其人工养殖已有 100 多年的历史，目前，几乎遍及世界各地，我国自 20 世纪 50 年代开始引进人工养殖。牛蛙原产地在北纬 30°~40°，我国长江以北到河北省的地理位置与此相同，气温基本接近，实践证明，河北省中部以南的我国广大地区，只要有水情况下，牛蛙均能生长良好，目前，除广东、湖北、湖南、福建、浙江、四川、江西等地外，北方地区河北、北京、辽宁等地也在进行牛蛙养殖，由于该蛙具有繁殖快、生长迅速、饲料来源广、养殖设备简单、易饲养、抗病力强、经济效益高，已成为我国主要养殖的蛙类，年产量超过 3 万吨，养殖前景良好。

第一节　牛蛙品种与特性

一、分类学地位

　　牛蛙的学名为 *Rana catesbeiana*，在分类学上属于两栖纲、无尾目、蛙科、蛙属，是体型较大的食用蛙类，因其鸣叫声洪亮似牛叫，故称牛蛙（图 5-1）。

图 5 - 1 牛蛙（♀）

二、对环境条件的要求

（1）温度　牛蛙的新陈代谢速率对温度有很大的依赖性。在自然条件下，牛蛙蝌蚪的生存水温为 2～35℃，最适生长发育水温为 23～30℃，超过 35℃，蝌蚪便陆续死亡，低于 15℃蝌蚪不摄食；低于 9℃便进入冬眠状态。成年牛蛙生长、摄食的适宜温度为 20～30℃，最适温度为 25～28℃。当水温降低到 18℃以下时，牛蛙的食欲减退；降到 15℃时，牛蛙停止摄食；继续降到 9～10℃时，牛蛙进入冬眠。当水温超过 32℃时，牛蛙的活动和摄食明显减弱；超过 35℃时，均不产卵，牛蛙陆续死亡。牛蛙的致死高温为 39～40℃。在高温下牛蛙急剧挣扎、窜游、跳跃，之后身体失去平衡，不久即致死。牛蛙受冻致死的临界温度为 0～0.05℃，水温低于 20℃时既不产卵。低于 10℃，精子和卵子不能形成。在生产中，夏季要注意防暑，地面温度过高时要及时遮阳、喷水、通风降温。10 月中旬以后要注意防寒，防止产生冻害，及时把牛蛙放入越冬池。

（2）湿度　牛蛙在蝌蚪期像鱼一样，离不开水体，即使短时间离开水体也会因此致死。幼蛙和成蛙喜在水中或高潮湿的岸边生活。幼蛙和成蛙的皮肤轻度角质化，有利于防止水分蒸发。当环境潮湿，温度适宜时，成年牛蛙可较长时间在陆地栖息。但是，牛蛙皮肤角质化程度低，保持皮肤湿润对维持其正常的呼吸至关重要，因而过于干燥的环境可使牛蛙脱水，皮肤腺体分泌减少，皮肤干燥不利于其呼吸和机体代谢，从而影响其生存。幼蛙在干燥空气中日晒 30 分钟即可致死。到干燥空气中呆 20 小时也会干死。成蛙对干旱的忍耐力比幼蛙稍强，在不接触水的情况下，在 50℃的干燥空气中超过 3 小时也会很快死亡。牛蛙繁殖还要回到水中进行。不同发育阶段牛蛙对湿度的要求不同，变态幼蛙对湿度要求最高，以后随日龄的增长而逐渐降低，变态后的幼蛙湿度控制在 85% ~ 90%，1 ~ 2 月龄幼蛙湿度控制在 80% ~ 85%，3 月龄以上的牛蛙湿度控制在 70% ~ 80% 即可。

（3）光照　牛蛙的行为、繁殖等都受光照条件的影响。牛蛙昼伏夜出，趋向弱光，喜蓝色光线，白天潜伏于温暖的能透进少量光线的水草从或树阴处，夜间四处觅食。牛蛙有畏强光习性，尤其是逃避强光的直射，日常强光会使其躲入草丛、洞穴，长时间日照和干旱天气会影响其生活和采食，从而影响其生长发育。自然条件下，光照的季节性变化影响牛蛙的性腺活动。若将牛蛙长期饲养在黑暗条件下，则性腺成熟中断，或性腺活动受到抑制，以致停止产卵、排精。

（4）水质　水中溶氧量、pH、盐度及微生物、浮游生物的种类和数量等衡量水质的指标，这些指标对用肺呼吸的成蛙影响不大，但对卵、蝌蚪、幼蛙的生存及孵化、变态发育影响极大。

①水中溶氧。水中溶氧量与水温、水中藻类和微生物的数量、牛蛙的养殖密度等有密切关系。水温高则溶氧量少，水温低则溶氧量多（表5-1）。牛蛙成体可通过皮肤呼吸来利用水中溶解的氧气，但这只是辅助的呼吸方式，成体主要依靠肺呼吸直接从空气中得到氧气。如牛蛙完全浸泡于水中，其寿命随着水温的升高而骤减。可见，牛蛙夏季在缺氧的水中，如不出水面呼吸空气中的氧，也很快致死。牛蛙蝌蚪和鱼相似，在水中生活，通过鳃呼吸，水中溶氧量对其生长和存活影响极大。水中缺氧会引起卵孵化的中止和胚胎死亡，或蝌蚪死亡。3厘米以下的蝌蚪，主要靠鳃呼吸，因此，水中的溶氧量应不低于3.5毫克/升。牛蛙的卵在水中孵化，水中缺氧也会影响其孵化。夏季池塘藻类或微生物繁殖过多，常导致水中缺氧，尤其在蝌蚪养殖密度较大的情况下，缺氧尤为严重。养殖时，在水中投放饵料过多而温度又高时，会影响水质和水的溶氧量，从而影响卵的孵化及蝌蚪的生长发育。人工养殖过程中，必要时用缓流水或增氧机，以提高水中溶氧量。溶氧过量对蝌蚪也不好，会引起氧中毒及气泡病，严重时可导致大批死亡。②水的pH。即水的酸碱度，也直接影响蝌蚪和成蛙的生存。pH值过高，破坏牛蛙体液的平衡。废水、粪便的流入会引起水质腐败，因有机物过多，溶氧不

足，尤其是晚上氧化分解不充分，会使水体中有机酸蓄积、pH降低。酸性水会妨碍牛蛙的正常呼吸，降低牛蛙摄食强度影响生长。pH值高的水体，会腐蚀蝌蚪的鳃组织和刺激牛蛙的皮肤，牛蛙在水体中生活感到不适，严重时会引起蓝皮病、眼球发白、红腿病等，严重时中毒死亡。牛蛙生活水体适宜的pH值为6~8。③水体含盐量。水中常含有盐酸盐、硫酸盐、碳酸盐和硝酸盐等。含盐量主要通过水的渗透压、密度对牛蛙产生影响。牛蛙身体外表的皮肤角质化程度低，如果水中含盐量过高，体内液体和血液里盐度低，体内水分就会大量失去，造成死亡。水中含盐量过高对蝌蚪及孵化中的卵影响更大，这种失水会造成在水中孵化的卵和幼嫩的蝌蚪快速死亡。试验证明，用于孵化和饲养蝌蚪的水，其盐度均不能高于2‰。④水体营养状态。自然环境的水中，往往生存有大量的浮游生物、微生物和高等的水生植物（如水草）。适量的浮游生物可为蝌蚪及牛蛙提供饵料，适量的水草有利于成蛙产卵和卵的孵化，也有利于蝌蚪和幼蛙栖息。但若水质过肥或高温季节，浮游藻类尤其是有害藻类（铜绿微囊藻和水花囊藻等，蓝藻、水绵、双星藻、转板藻等丝状藻）大量繁殖，分解有害物质会使蝌蚪及卵因缺氧或受毒害而死亡，或使牛蛙被藻类缠住而致死。这种情况下，应做好牛蛙病害的防治工作，并适当控制水生生物的过度生长。在夏季高温季节，要定期更换池水，饵料的投放要适度，以防投饵过多沉入水底后造成水体污染，影响蝌蚪和牛蛙的生长和发育。⑤环境污染。化肥残留物能改变水体化学性质，使水体富营养化，引发藻类、水生植物过度繁殖。植物衰败分解，产生沼气或硫化氢等气体会危害蝌蚪，有机化肥残留物则可直接刺激蝌蚪，并导致死亡。低浓度的农药即可使蝌蚪活动不正常，易被天敌发现吞食；高浓度农药可立即使蝌蚪致死。蝌蚪越大，对农药越敏感；变态前后最为敏感，死亡率也很高。被农药、化肥或其他化学物质严重污染的水，绝对不能用于养殖牛蛙。城市附近的雨水，可能吸附了空气中的有害污染物质，不宜直接、单独用作牛蛙的孵化用水。在养殖池附近使用农药最好选用对牛蛙无害的高效低毒药品。

表 5-1 淡水水体温度与溶氧量的关系

温度/℃	0	10	15	20	30
溶氧量/（毫克/升）	10.26	8.02	7.22	6.57	5.57

第二节 牛蛙种蛙选择的方法及注意事项

一、种蛙的来源

种蛙有 3 个来源：一是从外地或其他养殖场购种；二是从牛蛙养殖场的后备自养种蛙中选出；三是从人工流放的大自然水域中收集。种蛙选择的工作，宜在每年春天牛蛙结束冬眠时（约在抱对产卵前 1 个月）进行；也可在前一年晚秋，牛蛙冬眠前选择好种蛙，然后单独饲养、强化培育。购入种蛙，要考虑购入的时间。从外地引种宜在每年的初春、牛蛙刚渡过了冬眠期、并已开始活动时进行，此时牛蛙活动水平较低，便于运输和管理。冬眠结束后，如果购入的是幼蛙，随着季节的变暖，气候稳定时，即可开始食性驯化；喂活饵的话，此时的昆虫数量逐渐增加利于饵料补充，也可以在自然条件下培育活饵料，以此作为幼蛙的饵料。如果购入的是经过食性驯化的性成熟的成蛙，只要在购入前准备好养殖场所和饵料，短期内即可繁殖生产。5～10 月份牛蛙的新陈代谢旺盛、且气温高，容易因碰伤、创伤、运输所致的胃肠炎、红腿病等而死亡，因此，不宜长途运输。冬眠期间的牛蛙抵抗力弱，强行挖出冬眠的牛蛙，会影响其正常的代谢，易生病；且冬眠期间气温较低，气候变化较大，会加重购回后管理的负担。

二、牛蛙的雌雄鉴别

动物生长发育到一定年龄，生殖器官已经发育完全，生殖机能比较成熟，基本具备了正常的繁殖功能，称为性成熟。在牛蛙原产地，性成熟的牛蛙体长为 85～105 毫米，产卵年龄为 3 周龄。在我国人工饲养的条件下，华东、华中和华南地区一般为 2 周龄。饲养条件较好、生态环境适宜条件下，体重 300 克以上雌蛙也可产卵。营养和饲养管理条件较好，生态环境适宜，性成熟的年龄可以提早，反之则推迟。牛蛙的性成熟年龄还与生长速度有关，一般来说，生长速度快的、个体大的牛蛙比生长速度慢的、个体小的牛蛙的性成熟年龄小。性成熟的牛蛙在形态上有明显不同，据此可鉴别牛蛙雌雄（表 5-2）。

表5-2　成年雌雄牛蛙的主要区别特征

部位	雌蛙	雄蛙
体型	生长稍快，体型略大	生长稍慢，体型略小
鼓膜	直径小于或等于眼睛直径	比眼睛大一倍
咽喉部颜色	灰白色，杂以灰色细纹	鲜黄色
声囊	无	有
前肢	第一指不甚发达	第一指特别发达，有婚垫
背部	常呈绿色，较光滑	常为黑褐色，多疣突
鸣声	鸣声小	鸣声洪亮，似牛声

三、种蛙的选择

（1）具有牛蛙种的特征　随着国外食用蛙如牛蛙、美国青蛙的引进，近年，国内食用蛙类如棘胸蛙、虎纹蛙、林蛙和黑斑蛙的增多，这几种食用蛙的鉴别方法见表5-3。

表5-3　常见食用蛙的形态特征比较

品种	牛蛙	美国青蛙	棘胸蛙	虎纹蛙	林蛙	黑斑蛙
体型	较大体长18～20厘米最大体重2千克	较牛蛙小成蛙体长12～20厘米最大体重900克	略小于牛蛙成蛙成10～12厘米最重400克	较小成蛙体长12厘米左右最大体重250克	小成蛙体长6～9厘米体重75克	小成蛙体长6~8厘米最大体重200克
体色	背部皮肤为黄褐色或绿褐色，且具深浅不一的虎斑状横纹	头背呈黄褐色，具深浅不一的圆形或椭圆形斑纹	背深棕色或土黄色、浅酱色，有若干不规则黑褐色斑分布	背黄绿色，略带棕色，背及体侧有深色玫斑，四肢有明显横纹，咽喉部有黑斑	冬眠期及产卵期体侧及背呈黑褐色，并有不规则黑斑，背上肩胛骨稍后部位皮肤有一个类似"八"字形的黑色斑	背面为黄绿或深绿或带灰棕色的，有不规则的黑斑

（续表）

品种	牛蛙	美国青蛙	棘胸蛙	虎纹蛙	林蛙	黑斑蛙
头部	头大且扁，略呈三角形，长宽几乎相等，吻端圆钝，吻棱不明显，眼大突出，鼓膜圆而光滑，明显可见	头扁而宽，略呈三角形，长略大于宽，吻端较尖，眼小突出，小于牛蛙的眼，鼓膜明显，但比牛蛙的小	头扁而宽，吻端圆，吻棱明显，两眼后端有横置的肤沟，瞳孔菱形	头部前端皮肤比较光滑	背面呈三角形，扁而宽，头长比头宽略短，吻端较尖，向前突出略长于下颌	头长略大于头宽；吻钝圆而略尖，超出下颌；吻棱不显，颊部向外侧倾斜；鼻孔距眼较距吻端为近；眼间距很窄；鼓膜较大
背部	背部皮肤上有微小的疣状突起，背中线上有微小的肤棱	背部沿中线有一条明显的纵沟，口前位且口裂深，皮肤比牛蛙光滑，无疙瘩	皮肤粗糙，雄蛙背部有许多长短不一的窄长疣，断断续续成纵行排列，雌蛙背面有分散的圆疣，疣上有小黑刺	背部皮肤粗糙，且布满大小不一的疣粒突起，背部有长短不一的纵行的肤棱	皮肤较光滑，背侧面侧褶不像青蛙那样明显，而是呈一条细线状，起始于头侧眼后缘，在鼓膜之上的部位向下折曲之后一直平行达到体后端	皮肤不光滑，体背面有一对背侧褶。吻端到肛部常有一条浅色窄的纵脊线；自吻端沿吻棱到颞褶的黑纹清晰；背侧褶处色浅为金黄或浅棕色
胸腹部	腹面灰白色，隐约可见暗灰色条纹	腹部白色	雄蛙胸部有多而分散的大黑刺，雌蛙腹部皮肤平滑无刺	腹部皮肤光滑	雌蛙腹面黄色，夹杂橙红色斑纹，雄蛙腹面为白色带褐斑，有的褐斑多一些，有的则缺少褐斑	腹面鱼白色
四肢	前肢细短，后肢粗长，后趾间有蹼相连，但蹼不能完全达趾端	四肢特别是后肢发达，比牛蛙后肢大，后趾间全蹼	四肢粗大，后趾间全蹼，后肢肥硕特长，胫趾关节前伸可达眼部，背及腿具疣状突，并且有小刺状物	四肢背面布满大小疣粒	趾间蹼呈薄膜状，蹼间有浅凹，胫趾关节超过眼后部，后肢第四肢特长为第一肢的5倍	四肢背面有黑色横斑

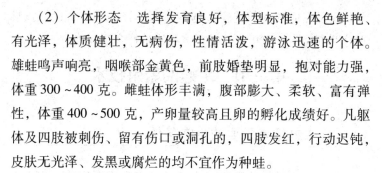

（2）个体形态 选择发育良好，体型标准，体色鲜艳、有光泽，体质健壮，无病伤，性情活泼，游泳迅速的个体。雄蛙鸣声响亮，咽喉部金黄色，前肢婚垫明显，抱对能力强，体重300～400克。雌蛙体形丰满，腹部膨大、柔软、富有弹性，体重400～500克，产卵量较高且卵的孵化成绩好。凡躯体及四肢被刺伤、留有伤口或洞孔的，四肢发红，行动迟钝，皮肤无光泽、发黑或腐烂的均不宜作为种蛙。

（3）年龄 未达性成熟年龄或虽然性成熟但个体太小的牛蛙，往往生殖能力差，产卵量小。年龄5龄以上的老年牛蛙，所产卵的受精率和孵化率等孵化成绩不及青壮年蛙。在生产中，宜选择2～4龄的青壮年牛蛙，不宜选择超过5龄的或小于2龄的牛蛙留种用。

（4）成熟度 如有条件，最好从同一批后备种蛙中挑选生长状态和体型一致的个体作种蛙。或从不同年龄的群体中选出种蛙后分池饲养。以使蛙成熟度基本一致，使种蛙产卵时间集中，便于孵化和蝌蚪培育的管理。

（5）血缘关系 选择血缘关系过近（如同胞、亲子等）的雌、雄种蛙，不仅受精率、孵化率低，而且孵化出的蝌蚪成活率低，蝌蚪及牛蛙的生长也不好。

（6）雌雄性别比例 在选择种蛙时应注意性别比例。雄蛙过少会影响繁殖效果，但太多会因相互间争夺雌蛙而影响正常抱对。原则上雌雄种蛙的比例以1：1为宜。一般小规模的，种蛙群体较小，其雌雄比例1：1为宜；规模较大的，种蛙群较大的可按1.5：1或2：1的雌雄比例放养。

（7）选择时间 最好在种蛙越冬以前的11月份，最迟在

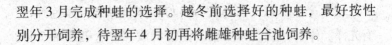
翌年3月完成种蛙的选择。越冬前选择好的种蛙，最好按性别分开饲养，待翌年4月初再将雌雄种蛙合池饲养。

第三节　牛蛙的繁殖技术

一、牛蛙繁殖需要的生态条件

温度对牛蛙的性腺发育和胚胎发育有重要影响。当水温高于18℃时，牛蛙开始繁殖；繁殖的适宜水温为18～30℃，最适水温为25～28℃；高于30℃时，牛蛙不产卵；低于10℃时，不能形成精子和卵子。牛蛙在我国的繁殖季节为4～9月，产卵时间从黎明4点开始，一直延续到中午。一般来说，牛蛙不在雨天产卵，多数在下雨后2～3天并出现天气转晴的日子产卵，下雨可能对产卵有刺激作用。

二、牛蛙的繁殖特性

（1）牛蛙的发情行为　性成熟的雌、雄种蛙到了繁殖季节即开始抱对。牛蛙抱对产卵期在5～9月份。在不同气候和饲养管理条件下，牛蛙抱对产卵时间和次数表现出较大的差异。例如，牛蛙在长江中下游地区越冬期间进行保温培育，比自然状态下可提早1～2个月。当水温升到18℃以上时，雄蛙即开始发情，主要表现为频繁鸣叫并追逐雌蛙。一般雄蛙总比雌蛙早1～2周发情，雌蛙未发情时，拒绝雄蛙拥抱。卵子成熟的雌蛙发情时表现出急躁不安，徘徊依恋于雄蛙周围，并顺从雄蛙抱对。牛蛙抱对时，雄蛙伏在雌蛙背上并用前肢紧抱雌蛙腋部。抱对时间短的几小时,长的可达 2 天。雄蛙没有交配器,不可能发生雌雄两性交配,而是体外受精。抱对可刺激雌蛙排卵,否则即使雌蛙的卵已成熟也不会排出卵囊,最后会退化、消失。抱对还可使雄蛙排精与雌蛙排卵同步进行,提高受精率。因此,抱对对蛙的产卵和受精极为重要。一般来说牛蛙的配对有一定的规律,雌雄在体长等方面有一定的比例,也就是说存在性选择,一般来说较大雄蛙抱握较大雌蛙成功性较大,而较小雄蛙抱握较大雌蛙成功性较小;雌蛙平均体长大于雄蛙,较早参与繁殖的雄蛙在繁殖季节抱对不止一次。

(2) 产卵和受精　牛蛙在抱对成功后,经一段时间,选好产卵场所,两性活动逐渐增强达到高峰时,即开始产卵。牛蛙对产卵的环境要求安静、背风、行人稀少,岸边要常有水草,水深通常在 35 厘米。在适宜产卵场所,只要水温达到 20~30℃,不论在池塘、河沟中均能顺利产卵。在抱对时,雄蛙对雌蛙的拥抱刺激由外周神经传递给雌蛙中枢神经系统。雌蛙中枢神经发出指令至脑下垂体,脑下垂体分泌促性腺激素作用于卵巢使卵巢壁破裂,成熟的卵子脱离卵巢、跌落体腔,继而进入输卵管,最后经泄殖孔排出体外。其间雄蛙按前述方式拥抱、匍匐于雌蛙背上,并用前肢作有节奏的松紧动作,诱发雌蛙将卵排出。雌蛙排卵时除臀部外,其余部分完全沉浸于水中,后肢伸展呈"八"字形,腹腔借助腹部肌肉和雄蛙的搂抱收缩产卵。雄蛙则同时排精,并用后肢作伸缩动作拨开刚排出的卵子,使之漂浮于水面,完成体外受精。受精后的受精卵外面有卵胶膜包裹,以利胚胎安全发育成蝌

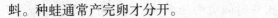

蚪。种蛙通常产完卵才分开。

　　产卵时间大都是在早晨 4 点左右，也有的在早晨 6～7 点；盛期中午也可。雨天一般不产卵，但如果头一天下雨，第 2、第 3 天转晴，这时候往往是产卵高峰。牛蛙的产卵量和年龄、个体大小、营养条件及生态条件等有很大关系。体重 300～500 克的蛙，产卵量 1 万～5 万枚不等。牛蛙产卵持续时间随产卵量多少而异，一般是 10～20 分钟。生态条件不适，也会出现滞产和难产，造成卵子过熟。因此，生产中不要惊扰抱对的种蛙，保持环境宁静，以免中途散开而不能排卵，卵子在输卵管和泄殖腔中滞留时间太长，造成卵子过熟现象。此外，还要注意水质、活动面积、水温、水深等条件要适于种蛙抱对产卵。

　　（3）牛蛙卵的质量鉴别　牛蛙卵呈球形，卵径 1.2～1.3 毫米，卵外包胶质膜。卵产出落入水中后，卵外胶质膜吸水膨胀，彼此相连组成了卵块。卵块是像棉花一样的胶状物，浮于水面，带着密密麻麻的黑点。卵的上半部由于色素颗粒多，呈黑色，称为动物极；下半部由于卵黄多呈乳白色，称为植物极，收集卵块时需注意两极的方向不能颠倒。一般刚排入水中的卵子，很难用肉眼区别它们是否受精。若水温在 25℃以上，卵子入水 2 小时后，受精卵显油黄透明，非受精卵发暗浑浊不清。在 12 小时后更加明显，受精卵中央出现黑点，非受精卵成了不透明的粉斑。若非受精卵与受精卵放在一起，前者腐烂，后者发育，易使后者受到感染并影响后者的生命过程。另外，对产出的牛蛙卵可根据卵块大小、卵粒大小和吸水状况等鉴别其质量。成熟不良的卵，卵块分布散乱，平均卵径较小，色泽不鲜艳或呈大团，吸水不分开，这种卵往往受精率低。成熟卵卵块分布均匀，吸水膨胀快，卵粒大小整齐、卵径较大，动物极呈青黑色、有光泽，受精率高。过熟卵，卵色暗而无光泽，呈暗灰色，胶质黏性不强，易下沉于水底，受精率低。

三、牛蛙种蛙的培育

秋季选留的种蛙放养时应进行药物消毒，可用2%～3%食盐水溶液或10～20毫克/升高锰酸钾溶液浸浴15～20分钟。首先要雌雄分开饲养，按2～4只/平方米的放养密度放入种蛙池。经2～3天适应后，种蛙即开始摄食。要加强越冬期间的饲养管理，以保证安全过冬和越冬后有良好体质。待翌年3月份；临近产卵时再把雌雄种蛙并池饲养，以利于种蛙的摄食和性腺发育；避免零星产卵，提高产卵率。选择好的种蛙应采用适当稀养的办法，一般体重350～450克的种蛙，按4平方米放养1对。培育种蛙，以动物性鱼、虾、昆虫等饵料为主（占总饵料量的60%）。也可适当投喂一些颗粒饵料，但颗粒饵料的蛋白质含量应在38%以上。一般于早晨和下午2次投喂。种蛙投饵量按占种蛙总体重的百分比计算：水温18～20℃时，3%；水温21～23℃时，8%；水温24～28℃时，14%～16%；水温29～31℃时，11%～13%。培育期间，注意天气变化，为种蛙创造良好的生态环境，保持水温适宜、水质清新，并定期消毒，保证合适的光线，以促使牛蛙性腺的充分发育，从而提高产卵量、受精率和孵化率。

四、牛蛙卵的采集

受精卵排出后，经孵化酶 2 ~ 4 小时的作用，胶质膜逐渐变软，失去弹性，浮力减小，如没有水草作附着物，卵块就会沉入水底。因此，种卵产出后应尽早采集。牛蛙的采卵，从黎明开始到 6 ~ 8 点达到高峰。牛蛙又多在雨过天晴的日子产卵，所以当雨过天晴，或前一天晚上雄蛙频繁鸣叫的早晨，常有牛蛙产卵，要特别认真地到产卵池中巡视检查，以防蛙卵被其他种蛙干扰或被吃掉。采卵时间应在牛蛙产卵后的 20 ~ 30 分钟。这时，受精卵外的卵膜已充分吸水膨胀，受精卵能在卵膜内转位，动物极朝上，植物极朝下，从水面上可以看到一片灰黑色的卵粒。采卵操作应在水中进行，先用剪刀将粘连卵块的水草等剪断，然后轻轻地将卵块随同水草等附着物移入盆或桶中，并迅速将其倒入孵化池或其他孵化容器中。采集时应注意不能破坏卵膜，并把同一只蛙或同一天产的卵，放在 1 个孵化池中孵化。这样，孵化的时间一样，便于同一天出池放养。采卵和转移时，应特别小心仔细，切莫使卵受损伤，并且卵块动植物极不能颠倒。牛蛙受精卵的胶膜柔软而黏性大，遇粗糙物容易黏着，造成伤害，故不宜用网捞取。

五、孵化

卵的孵化是指受精卵在一定环境条件下，从分裂开始到出膜成为蝌蚪的过程。不同养殖规模，采取的孵化方法有所不同。大量孵化时，要在专门的孵化池或孵化箱中进行；小量孵化量时，可在简易孵化池或水缸、瓷盆等容器中完成。

（1）孵化设备　牛蛙卵的孵化可建造专门的孵化池，也可在池塘等水体内设置孵化网箱或孵化框（表5－4）。

表5－4　牛蛙养殖设施

设施类别		池塘或网箱水面面积/平方米	陆地面积	水深/厘米
池塘[a]	产卵池	30～200	约为水面面积的三分之一	50～80
	孵化池	1～5	—	30～50
	蝌蚪培育池	20～200	—	50～100
	幼蛙饲养池	5～30	—	30～60
	食用蛙饲养池	2～300	约为水面面积的三分之一	50～100
网箱[b]	产卵箱	1～15	—	30～50
	蝌蚪培育箱	5～20	—	50～100
	食用蛙饲养箱	8～24	—	30～50

备注：a. 防逃围墙一般高度1.5米；

　　　b. 网箱通常采用纱窗网布缝制，也可采用聚乙烯网片，网目以不逃逸饲养对象为宜

（2）孵化前的准备　孵化前首先清理孵化池内的杂物及淤泥，用清水冲洗干净，对孵化池及孵化网箱进行消毒处理，待毒性消失后，在池内注入经光照曝气的水。池水要保持在缓流状态，以保证水质清新、水位和水温（最适水温为25～28℃为宜）稳定。在孵化池内种养一些水草（如水花生、凤眼莲、水浮莲等）为卵提供支撑，水草以不浮出水面为宜，防止卵块下沉。对放置的水草先用0.003%高锰酸钾溶液或市

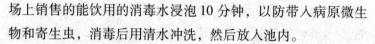

场上销售的能饮用的消毒水浸泡 10 分钟，以防带入病原微生物和寄生虫，消毒后用清水冲洗，然后放入池内。

（3）放养卵块　用孵化池或其他容器孵化，一般按每平方米孵化面积 5 000～6 000 粒卵的密度放养卵块；若用网箱孵化，可按每平方米 10 000～15 000 粒放养。在高温季节和初养者其密度稍低些为宜。放养时应注意：同天产的卵可放养在同一孵化设备内。不可将相隔 4～5 天的卵放在同一孵化设备内，以免先孵出的蝌蚪吞食未孵出的胚胎。收集、搬运和倒卵时不能颠倒卵块的方向。倒卵时动作要轻。将盛卵的容器口靠近水面，轻轻将卵块倒入孵化设备内。切忌从高处（60 厘米以上）往下倒卵，否则易使卵块重叠、方向颠倒或使卵块粘上泥浆等，降低孵化率，甚至孵化失败。一旦在放卵时出现卵块重叠，应立即轻轻展开。

（4）孵化管理　根据牛蛙卵孵化过程要求的条件，要抓好如下管理。①孵化水温：牛蛙卵的孵化和水温密切相关。孵化要求的水温为 20～31℃，最适宜水温为 25～28℃。在每年产卵季节早期早、晚温度低或遇寒潮侵袭，应在孵化池上加塑料顶盖，防止温度骤降；有条件的单位可人工供暖、保温。如果在高温季节孵化，应在孵化池上方搭设遮阳棚，防止太阳直晒造成孵化池水温过高。②观察胚胎发育：蛙卵是否受精是决定孵化的先决条件，为此，在放卵前首先要检查蛙卵的受精情况。在适宜温度条件下，入水 2 小时左右便可以区别开，一般受精卵油黄透明，未受精卵则发暗、浑浊不透明；12 小时后，受精卵中央黑点明显，未受精卵呈不透明的粉斑。其次要检查蛙卵有无污染。如果卵膜晶莹透明，说

124

明蛙卵没有污染。如果卵带变成土黄色，卵胶膜粘一层泥沙，说明水质不清洁，蛙卵已经被污染，要改进灌水技术，排除污染的水，灌入新鲜干净的水。第三检查有无沉水卵，尤其利用水池孵化更要特别检查沉水卵，如发现卵沉入池底，并粘连泥沙，呈土黄色，这证明出现沉水卵。第四经常检查蛙卵孵化情况，检查蛙卵孵化速度是否整齐一致，在正常情况下，同一卵块发育速度基本一致，相差不多。另外，检查胚胎死亡情况，如果发现有较多的蛙卵停止发育，如同一卵块有的已经发育到尾芽期，有的则停留在神经胚阶段，说明停止发育的胚胎已经死亡。③水质管理：要确保水源不受污染、水质清新、pH值为6.8～8.5、溶氧不低于3.5毫克/升、盐度低于1‰。孵化池水深保持30～50厘米。应注意加强对孵化池换水管理，原则上就当尽量减少孵化池水更换速度，让水在池中贮存较长时间，使水温升高，促进蛙的孵化进程。一般的方法，孵化池灌足水之后再补充水。另一个注意问题是灌入孵化池的水必须清洁，泥沙含量少，严防灌入泥沙含量大的浑浊水，水质浑浊会形成沉水卵。孵化期间，禁止向孵化水源或水体施肥，以免造成水质污染。④环境管理：孵化环境要安静、避风、向阳，但不要强光直射。孵化池周围不能养啄食禽类，并防止野禽等啄食卵块。也要防止鱼、蛙、水生昆虫等进入孵化设施，否则，蛙卵、蝌蚪会被其吞食。在孵化过程中，及时清除滞留杂物，随时捞出死卵，防止影响卵的正常孵化。如有大雨，应事先用塑料薄膜遮盖孵化池，以防雨打散卵块，影响胚胎发育。如果采用孵化网箱或孵化框孵化，应加盖网盖，应用绳子将其上下左右加以固定，以防被风吹得左右晃动或沉没，既保证进水深度适宜，又防止卵块漂走或附着在网上。另外，在干旱缺雨、气温高的天气里，空气干燥，漂浮水面的卵团表面的胶膜水分蒸发，胶膜变硬变脆，胚胎会因干燥而死亡。孵化期间避免搅动卵块，保持孵化区内的环境安静。⑤防止敌害：应防止水中着生龙虱、剑水蚤等食卵水生动物，防止水禽等动物啄食蛙卵，发现有卵块被水霉菌感染，要及时处理。⑥做好记录：孵化过程中应做好记录，以便积累经验。应记录孵化温度、入孵（产卵）时间、出孵时间、入孵卵数、受精卵数、孵化的蝌蚪数等。

（5）出孵和出苗

牛蛙胚胎发育至心跳期，胚胎即可孵化出膜，即孵化出蝌蚪，这一过程即出孵。刚孵出的蝌蚪幼小体弱，以吸收卵黄囊内养料为生，并不会取食；游动能力差，主要依靠头部下方的马蹄形吸盘吸附在水草或其他物体上休息。因此，刚孵出的蝌蚪不宜转池，不需投喂饵料，不要搅动水体以便其休息。蝌蚪孵出 3～4 天后，两鳃盖形成即开始摄食，从此可每天投喂蛋黄（捏碎）或豆浆，也可喂单细胞藻类、草履虫等。为提高蝌蚪的成活率，蝌蚪在其孵出后的 10～15 天应暂养于孵化池。蝌蚪孵出 10～15 天后，即可转入蝌蚪池饲养或出售，出苗进入蝌蚪培育阶段。

六、牛蛙人工催产与人工授精

（1）人工催产　为了集中提前产卵，提早出苗，提高经济效益，需进行牛蛙人工催产。

①催产药物及剂量。主要有牛蛙或其他蛙类的脑下垂体（PG）、绒毛膜促性腺激素（HCG）和促黄体生成激素释放激素类似物（LRH-A）等三种。HCG 和 LRH-A 有商品出售。生产中催产雌蛙剂量分别为：绒毛膜促性腺激素 4 000 单位/千克；脑垂体 8 个/千克；绒毛膜促性腺激素 2 000 单位 + 促黄体生成激素 200 微克/千克；脑垂体 4 个 + 促黄体生成激素 250 微克/千克；雄蛙剂量为雌蛙的 1/2。②催产药物的配制。将所有催产器具高温煮沸 15 分钟，将催产药物倒入研钵中反复研磨成粉末状，加入适量的 0.7% 或 0.9% 的生理盐水溶液，混合均匀。生理盐水的量以每毫升含有上述计量单位的催产剂为标准。③催产蛙的选择。选择体质健康活泼，无伤残，体重 400 克以上，1～2 龄的牛蛙。生长发育不良及病弱的雌蛙产卵少，卵的孵化成绩差，孵出的蝌蚪成活率低，应及早淘汰。④注射。注射部位为臀部肌肉或腹部皮下，用 5、10 毫升的注射器，针头规格为 6 号、7 号。首先用装配好的注射器吸取催产剂溶液，先排掉气泡，然后注射。臀部肌肉注射时按 45° 进针 1.5 厘米左右。腹部皮下注射时，用镊子夹起皮肤，按水平方向进针 2.5～3 厘米，切忌刺得太深，以免刺伤内脏。注射完毕，应将种蛙放置片刻，然后把种蛙按 1：1 的比例放在产卵池内。水温 24～28℃ 条件下，人工催产后的种蛙一般 40～48 小时，雌雄开始抱对，排卵排精，完成体外受精。采用这种人工催产和自然产卵受精的方法，受精率可达 95% 以上。如果在注射促性腺激素 48 小时后，仍不抱对排卵；挤压腹部，泄殖腔内也没有卵子流出，则需作第二

次注射。由于药物的催产作用是累积的，所以，第二次注射的剂量应比第一次适当减少。产出的卵可取之进行人工授精。

（2）人工授精　人工催产的雌蛙除让其与雄蛙抱对后产卵受精，也可以通过人工授精的方法，使成熟的卵子和精子结合，完成受精过程。

①精液的准备。将雄蛙杀死或麻醉后，用剪子和镊子剖开其腹部，取出精巢。将精巢轻轻地在滤纸上滚动，除掉粘在上面的血液和其他结缔组织。在经消毒的研钵或培养皿中把精巢剪碎，每对精巢加入 10 ~ 15 毫升生理盐水或 10% 的 Ringer 稀释液（切不可用 Ringer 原液），静置 10 分钟"激活"精子，即制成了精悬液。②挤卵受精。人工授精一般在药物催产后 25 ~ 40 小时，通过挤压雌蛙腹部能顺利排出卵子时进行。挤卵的方法是抓住雌蛙，使其背部对着右手手心，手指部分刚好在前肢的后面圈住蛙体，用左手从蛙体前部开始轻压力，逐渐向泄殖腔方向移动，这样就可使卵从泄殖孔排出。将雌蛙的卵子挤入刚制备好的精液悬液的器皿中。边挤卵，边摇动器皿或用羽毛等软物品轻轻搅拌，促使精子、卵子充分接触，提高受精机会。蛙卵刚受精时，有些是动物极向上，有些是植物极向上，有些是侧面向上，没有一定规律。在水温 20℃时，受精后 10 分钟左右，绝大多数卵子的动物极翻转向上，培养皿中水面呈现一片黑色，这种现象称为卵翻转正位，简称卵翻正。卵翻正与否，可作为是否受精的标志。卵翻正后，应倾去精液，换入新鲜清水，以提供充足的氧气，满足受精卵进一步发育的需要。此后，每天换水 1 ~ 2 次，直到孵化成小蝌蚪。据报道，当水温在 20 ~ 30℃时，受精率最

高。低于18℃、高于32℃，受精率都会降低。

第四节　牛蛙不同阶段的饲养管理

一、牛蛙蝌蚪的培育

（1）蝌蚪池的清理和施肥　目前，饲养蝌蚪一般都采用土池。如果是新池为防止新土中重金属盐影响蝌蚪发育和存活，应在放养前半个月左右，灌满池水浸泡7天，放干水换成新水试养无害后，才可放养。如果是老池应在蝌蚪放养前7~10天清塘消毒，常用的清塘药物为生石灰和漂白粉。用生石灰清塘的池塘，可在蝌蚪放养前7天注水；用漂白粉清塘时，在放养前4~5天注水。注水同时可施基肥，基肥一般可用猪牛羊粪或人粪尿和大草等有机肥料。一般在蝌蚪入池前4~5天，按每666.7平方米施粪肥300千克，或绿肥400千克。有机肥需经发酵腐熟并用1%~2%生石灰消毒，使用原则应符合NY/T 394的规定。培育前期，保持水深约50厘米。施肥后，蝌蚪池中的饵料生物迅速繁殖。这样，蝌蚪入池后就能吃到充足的饵料，有利于蝌蚪的生长和提高成活率。水泥池应在蝌蚪放养前2~3天，用清水洗刷干净，并在太阳下暴晒1~2天后，再放入新水，然后放养蝌蚪。

（2）蝌蚪的放养

①牛蛙蝌蚪出池放养时间和质量要求。蝌蚪孵出以后还应在孵化池中待一段时间，待开始吃食后，才能将蝌蚪从孵化池移到蝌蚪池中饲养。具体时间应取决于水温，根据测定：

水温在 18.3 ~ 21.7℃时，应为 188 小时；20 ~ 25℃，144 ~
168 小时；26 ~ 30℃时，只要 72 ~ 96 小时。蝌蚪要求规格整
齐；无伤，无疾病；体质健壮；能逆水游动；离水后跳动有
力。②蝌蚪消毒。蝌蚪放养前用 3% ~ 4% 食盐水溶液浸浴
15 ~ 20 分钟，或 5 ~ 7 毫克/升硫酸铜、硫酸亚铁合剂（5：
2）浸浴 5 ~ 10 分钟。③放养密度。孵化出膜 10 ~ 15 天后的
蝌蚪，转入蝌蚪池或网箱，蝌蚪池放养密度为 300 ~ 500 尾/
平方米，1 月龄后，密度为 50 ~ 100 尾/平方米；网箱放养蝌
蚪的密度为蝌蚪池的 2 ~ 3 倍。

（3）蝌蚪的饲养管理

①投喂。孵化出膜 3 天后，首天每万尾蝌蚪投喂一个熟
蛋黄，第二天稍增加些，7 日龄后日投喂量为每万尾蝌蚪 100
克黄豆浆；15 日龄后，逐步投喂豆渣、麸皮、鱼粉、鱼糜、
配合饲料等，日投喂量每万只蝌蚪为 400 ~ 700 克；30 日龄
后，日投喂量每万只蝌蚪为 4 000 ~ 8 000 克。投饵次数一般
每天 2 次，上午 9 ~ 10 点，下午 4 ~ 5 点。②调节水质。蝌蚪
要求在较小的水体中生活，要求水质清洁，水中溶氧量高于 3
毫克/升，盐度小于 2‰，pH 值为 6.8 ~ 8.2。调节水质主要
措施是加水或调换新水，换水宜选择晴朗天气，一般在上午
7 ~ 8 时或下午 4 ~ 5 时为宜，换水量一般为 1/4 ~ 1/2。换水
水温春、夏、秋三季宜低于原池水温 0.5 ~ 1℃，冬季宜高
0.5 ~ 1℃。当发现水质过肥、污染变质等情况时，要及时换
水。要注意换水速度，确保水温不致剧烈波动，以减少对蝌
蚪的不利影响。当发现池水有气泡（水质变坏的先兆）或水
质有臭味时，要立即换清新的水。生产中水质的好坏，主要

依据水的颜色来判断，好的水呈油青色，浑浊度较小，浮游植物以硅藻、甲藻、金藻、黄藻为主，小型浮游动物较多。③控制水温和水位。蝌蚪最适宜水温为 23～30℃，当水温达到 32℃时，蝌蚪活动能力下降，吃食减少，生长发育受到抑制；35℃时，蝌蚪处于极度衰弱状态，并陆续出现死亡；38℃时，出现大批死亡。所以，夏天必须采取降温措施，可以采取遮阳降温或加注水温较低的外河新水降温。水深一般以 0.3～1 米为宜，春、秋季应保持较低水位，以利于提高水温，促进蝌蚪生长；夏季要加深水位，防止高温；冬季也应保持深水位，使蝌蚪安全越冬。④变态控制。变态的适宜水温为 23～32℃。对 6 月中旬以前出膜的蝌蚪，促使其提前变态，以利于变态后的蝌蚪在越冬前贮足营养，安全越冬。具体措施有：提高饲养密度；提高水温，将水温控制在 25～28℃；提高动物性饵料的比例（60%～80%），并增加投饵量，尾部吸收时，需减少投饵，加设饵料台；投喂甲状腺素片，每 600 尾蝌蚪用 3/4 片，可使蝌蚪提早变态。对 7 月份以后出膜的蝌蚪，可采取减少投饵、增加植物性饵料的比例或加注井水降温等措施延迟变态时间。⑤及时促进登陆。牛蛙从孵化至变态为幼蛙一般 70～80 天，将要生出前肢的蝌蚪全长 13 厘米，体重 16 克。蝌蚪在前肢长出以后，鳃的呼吸功能逐步退化，肺的结构和功能逐渐完善。此时蝌蚪无法长期生活在水中，而需要经常露出水面或登上陆地呼吸新鲜空气以维持生命代谢需要。此期间，是蝌蚪管理上的危险期，管理上的疏忽，可能造成大量死亡。因此，此阶段，要及时给予登陆条件，促使其登陆。一是将适当降低蝌蚪池水的深度，暴露一部分池边滩地供其登陆；二是向蝌蚪池中放一些木板、塑料泡沫板等水上漂浮物，使变态的蝌蚪可离水登上木板或泡沫板呼吸新鲜空气；三是将树条一边放到池中，一边搭在池边，搭引桥，使变态的幼蛙通过引桥爬到陆地上。刚变态的幼蛙体质很弱，皮肤薄嫩，很怕日晒与干燥。如不及时采取相应措施，刚变态的幼蛙死亡率很高。幼蛙登陆上岸后和栖息的地方要有杂草，还要经常喷水，使地面保持潮湿。

⑥巡池观察。每天早晨、中午、傍晚各巡池一次，应及时捞出水面上的漂浮杂物、死蝌蚪、残饵等，经常洗刷、消毒饵料台。一旦发现有敌害和其他危害蝌蚪的生物进入蝌蚪池，应立即清除或将蝌蚪换池；若发现池中有大量螺类附生，也应及时清除。当水质过肥，呈黑褐色，透明度小于 25 厘米时，要加换新水；水色清，透明度在 30～40 厘米时，要适当追肥。

二、幼蛙的饲养管理

（1）放养前的准备工作　在幼蛙放养之前，要对养殖池进行必要的处理。如新建的水泥池应进行脱碱处理，已使用过的池塘应清除幼蛙的各种敌害，并清塘消毒，要待毒性消失后方能注水放蛙。陆地活动场所要围绕在养殖池的周围，上面要种上树木、农作物或蔬菜，并随时喷水，保持湿润的环境。夏季在活动场所的部分地面上（约占活动场所的1/3）搭建遮阳篷，也可建造一些带有孔洞的假石山，以利于牛蛙栖息。另外，在活动场所上要设置诱虫灯，以引诱昆虫供幼

蛙捕食，也可堆肥育虫，减少饲料投入。

（2）幼蛙的收集　收集变态后幼蛙是一项既费时又费力的工作，目前主要采用以下几种方法收集。①草堆法：在池周放置数堆稻草、杂草（必须阴湿、浸透），造成潮湿环境，同时在变态池周围围上塑料布，范围不要太大，幼蛙上岸后就钻入草堆中。②收集坑法：在池周挖若干深 30 厘米的土坑，土坑壁直而光滑，坑内放置湿草，也可达到收集目的。③收集沟法：在池边挖一条深 30~40 厘米的深沟，沟壁要光滑，沟底放置适量杂草后灌适量水，变态后幼蛙落入沟内后收集。

（3）幼蛙的放养　同一池内幼蛙个体大小相差悬殊、密度太大、饵料缺乏等必然造成牛蛙相互竞争而影响其生长。因此，在进行幼蛙放养时应注意按幼蛙的个体大小分池放养，力求同一养殖池内幼蛙个体大小均匀，避免自相残害。另外，由于生长速度的不同，同一养殖池同样大小的幼蛙饲养一段时间后也会出现明显不同。所以，幼蛙饲养过程中要根据情况及时调整，以遏制强欺弱现象的发生。放养时，要经过试水，试水正常后将幼蛙放在池边，让其自行爬入水体，不能倾倒，以免伤亡。池塘放养刚变态的幼蛙 100~150 只/平方米，体重 25~50 克放养 80~100 只/平方米，体重 60~100 克放养 60~80 只/平方米，体重 100~250 克放养 40~50 只/平方米，体重 150~250 克放养 30~40 只/平方米；网箱幼蛙放养密度为池塘的 2~3 倍。

（4）投喂与驯食　为便于清除残饵，防止养殖池水质恶化，减少幼蛙病害发生。幼蛙的饵料投喂一般使用饵料台。

饵料台的框架用木板，底部用窗纱制成。每个饵料台大小多为 1 平方米。每个幼蛙池中饵料台可根据幼蛙的大小及数量来确定。一般饵料台的面积为幼蛙池面积的 10%～20%。刚变态的幼蛙饵料以活的蝇蛆、黄粉虫幼虫、蚯蚓、小鱼苗、小虾类等小型动物为宜。幼蛙长到 15～20 克时，便可投喂个体较大的蚯蚓等动物活性饵料。随着幼蛙的生长，投喂的活性动物饵料体型可逐渐增大些，如可投喂小泥鳅等。幼蛙的投喂早晚各一次，并以下午为主，约占全天投喂量的 70%，做到"五定"。投饵量依据个体大小、温度高低、饵料种类等情况适当调整，以每次投入的饵料吃完为原则。幼蛙饵料的动物性饵料，日投喂量为牛蛙体重的 5%～8%；配合饵料，日投喂量为牛蛙体重的 2%～3%。经过食性驯化的幼蛙也可摄食静态饵料如动物内脏、肉及人工配合饵料。幼蛙的驯食可分两个阶段，前期培育主要是用蛆和小杂鱼等活饵投喂，幼蛙前期培育 7～10 天，此后即可开始正式驯食，其目的是使刚变态的体质较差的幼蛙能够均匀地获得一定的饵料，使之身体强壮，并有一定的营养积累，避免在驯食的开始阶段由于不能保证每只幼蛙都能得到食物而引起一些幼蛙的营养不良和死亡。后期则采用静态饵料"活化"的方法，改变牛蛙摄食习性，使之能够采食人工静态饵料。

（5）幼蛙的管理　幼蛙水陆两栖生活，其养殖场地要有植物丛生的潮湿陆地环境及水面环境。幼蛙的生活习性有别于蝌蚪，在管理上也应有所区别。

①控制水温。幼蛙生长发育最适宜的水温为 25～30℃。温度高于 30℃或低于 12℃，幼蛙即会产生不适，食欲减退，

生长停滞。严重的甚至会被热死或冻死。盛夏季节降温通常是使幼蛙池池水保持缓慢流动或部分换水。在自然温度条件下，春秋两季是其生长发育的良好季节。在夏季应注意给幼蛙池水降温，通常可采用养殖池保持缓慢流动或更换部分池水的方式，也可在蛙池周围栽种植物给幼蛙遮阳，或在蛙池上方加盖遮阳棚，避免阳光直射，防止水温过高。换水时以每次更换半池水为宜，新水与原池水温差不超过 2~3℃。②控制水质。幼蛙对水质的要求基本与蝌蚪相同。由于不需培肥幼蛙池水体来增加其饵料，同时幼蛙主要以肺呼吸，对水中溶氧量的要求不如蝌蚪严格，幼蛙池的水质控制比蝌蚪池要容易。但对幼蛙池的水质不容忽视，要经常清扫饵料台上的剩余残饵，洗刷饵料台，捞出死蛙及腐烂的动、植等异物，并经常换水，以确保水质良好，为幼蛙生长创造良好的水体环境。晴天，可将洗刷干净的饵料台拿到岸边让阳光暴晒 1~2 小时后放回原处；若遇阴雨天，则将洗刷干净的饵料台放在石灰水中浸泡 0.5 小时，彻底杀灭黏附在饵料台上的病原体。水深保持在 30~50 厘米，高温季节应每天早晨换 1/2 的池水，这对防止牛蛙细菌性疾病的发生有重要作用。有条件的地方可以用流水式换水，保持池水清新，溶氧量在 5 毫克/升以上。此外，要定期消毒幼蛙池，发现幼蛙池水开始发臭变黑，则应立即灌注新水，换掉黑水臭水，使幼蛙池水保持清新清洁。③控制湿度。幼蛙池中有 1/3~1/2 陆地面积，这些地方是幼蛙登陆栖息的环境，该环境应保持较高的空气湿度和陆地湿润状态，根据情况可栽种花草、作物等植物或建遮阳棚。必要时，在幼蛙池四周空旷陆地喷洒清水，以利于幼蛙的生长发育。④及时分池管理。幼蛙生长发育快，个体差异大，为了更科学地饲养管理，避免大蛙吃小蛙，应定期用分蛙器依个体的大小对幼蛙进行分类、分池管理。⑤巡池和日常管理。每天早、中、晚巡池 3 次，注意观察幼蛙的摄食情况，有无患病迹象，发现疾病及时治疗。特别是在下雨后的夜晚应加强巡视，防止幼蛙逃走。若发现有的蛙离群独居，或腹部鼓起浮于水面，或垂头伏于池底，表明蛙已经患病，要将病蛙及时捞起，进行诊断，对症下药。还要经常检查围墙和门四周有无漏洞、缝隙，发现后立即堵塞，以防止敌害进入和幼蛙逃跑。发现蛇、鼠等敌害，应及时驱除。同时，详细记录放蛙、投饵、采食、水温、气温、发病、治病等情况，以便积累养殖经验，完善养殖技术。

三、成蛙的饲养管理

牛蛙幼蛙经过 2 个月左右的饲养，体重长至 50 克左右就可进入成蛙饲养阶段。成蛙饲养目的是提供可食用的商品蛙和选留种蛙。

（1）成蛙池的选择与设计　进入成蛙阶段后，其活动能力增强，善跳跃，适应能力和捕食能力大为提高。所以成蛙养殖池免疫可等更大一些，根据条件，也可选用各种天然积水池、坑塘、鱼池、杂草丛生的洼地、稻田等养殖。成蛙的后腿发达有力，不仅善于跳跃，还会掘土打洞，爬墙上树。因此无论室内或室外的养蛙池，都要有防逃设施。在蛙池周围可不留牛蛙立足的陆地，水深保持在牛蛙后腿踩不到底的深度以上，则防逃设施只要高出水面 50 厘米左右，或在建池时，池壁高出水面 30～40 厘米，再在池壁上围一圈向内倾斜的纱网即可。为避免阳光直射，为牛蛙提供适宜的环境，蛙池周围应多种高大树木遮阳，无树木者，则可搭遮阳棚。大的池塘或洼地，可种植莲藕或其他多叶大的挺水植物，周围陆地多植花卉。牛蛙长时间躲在隐蔽处，影响摄食和生长。在人工养殖条件下，整个饲养池都是其适宜的栖息环境，又没有什么敌害侵袭，养殖池内都不应设置隐蔽的死角或洞穴。成蛙若要在室外越冬，只需把池水加深到 1 米左右，不要搭棚保温，也能安全越冬。在有温泉水或工厂余热的地方，可以利用热源进行冬季加温养殖。

室内的养殖池，一般面积 10～20 平方米，要有自来水或井水能通向外面，以便换水和冲洗。室内养殖池设计应分为浅水区和深水区，浅水区为蛙的栖息和摄食的场所，深水区为蛙游泳和接纳排泄污物的区域。浅水区保持水深 10 厘米左右，深水区水深 30～40 厘米，进水口在浅水区，出水口在深水区。进出水口成对角线。深水区只占整池面积的 1/4 到 1/5，可设在池的一头、四周或出水口附近。为了节约用地，充分利用养殖空间，也可采用多层次的立体养殖结构，空间层以水泥预制板架设而成（一般以 2 米为一层），各层的结构设施均相同；为便于上下操作管理，层与层之间设置楼梯。

（2）成蛙室内集约化养殖　牛蛙的室内集约化养殖是牛蛙人工配合饲料研制成功后，在常规养殖基础上发展起来的一种新型的高效养殖方法，其养殖技术的着眼点在于创造良好的生态条件，充分满足牛蛙生长的营养需要，而进行的一种强化培育方式，是发展牛蛙商品生产的一条重要途径。

成蛙的个体大，摄食量多，保证供给充足的优质适口饵料，控制适宜环境温度，其体重增长比较快，每月个体增重30~50克。对已驯食习惯于吃死饵的成蛙，则除自行捕食少量黑光灯诱集的昆虫外，基本上吃的都是人工配合饵料。人工配合饵料经过高温加工而成，饲料中的维生素损失较大。成蛙在养殖一段时间后，体重在200~250克时，可补充投喂新鲜小鱼虾、蚯蚓及动物内脏等，以起到补充维生素的作用。对于新引进的野外放养的种蛙，则要像幼蛙一样，逐步训练其吃死饵。投饵要遵循"四看"、"五定"原则。在常温条件下，成蛙的养殖是4~10月，也是蛙类生长的最佳时期。因此要有充足的饵料供应。22~28℃，每天可投喂2~3次，配合饵料的投喂量要占蛙体重的3%，新鲜饵料水分含量高，投喂量要在10%左右，才能满足蛙迅速生长的营养需要。若温度低于22℃或高于28℃，可适当减少投喂次数和投喂量。为使牛蛙养成按时摄食的习惯，可在投饵前敲响器具，或将室内电灯打开，作为给饵信号，以后形成条件反射，一有信号，牛蛙就集中到浅水区摄食。

成蛙的日常管理大体与幼蛙相同，但放养密度不同，体重达100克以上的蛙，每平方米放养50只，可以一直养到商品规格。若放养时的体重不到100克，密度可稍大些，以后随着蛙体的生长，逐步将生长迅速、个体大的蛙、筛选分级饲养或销售，同时相应降低该池的养殖密度。为使牛蛙处于适宜生长的温度条件下，炎热天气要把门窗打开，利于室内通风。天气转凉后，要及时关闭门窗，以便保温。一般炎热夏季，最好每天换水 1 次，换水量为 1/2，新旧水的温差为 1~2℃，换水时要避免水温急剧变化。清洗饵料台，注意观察蛙的健康状况，及时防病治病，严防蛇、鼠侵袭等。有条件的地方，可以进行加温养殖，一年可生产两批商品蛙。

（3）成蛙半精养 成蛙半精养是一种利用鱼池、洼地、稻田、藕塘等，多以天然饵料为主，颗粒饵料为辅的一种养殖方式，由于面积大，蛙较分散，密度也不大，产量不高，被称为半精养。半精养方式牛蛙放养密度视饵料条件而定，一般每平方米放养 10~30 只，不宜过大。放养池中设几个浮于水面的饵料台，按精养方式每天投饲。但由于放养面积大，蛙不容易集中摄食，吃不到人工饵料蛙，可用天然饵料补充。获得天然饵料的主要方法是灯光诱虫。昆虫趋光，对不同的灯光有一定的选择性，诱虫效果黑光灯优于日光灯，日光灯又优于普通电灯和白炽灯。诱虫的时间可从 4 月初开始，至 10 月初结束。此段时间刚好是在牛蛙的最适生长期内，而虫的多少也几乎与牛蛙对饵料的需求量相吻合。因此，若能很好地利用灯光诱虫，可以解决牛蛙的大部分饵科，白天再投喂少量配合饵料，效果更好。

（4）牛蛙的庭院养殖 在我国广大农村、城镇，如果房前屋后有院落或空地，可以养殖牛蛙。此即庭院养殖牛蛙。

①基本要求。首先必须有防蛙外逃的设施。二是要有水池。庭院养殖牛蛙的规模一般较小，一般在院中偏僻处挖或建一个水池，供牛蛙生活和自繁。水池长 2 米、宽 1 米、深 1 米即可。如条件允许，可以建大些。池中筑假山，供牛蛙栖息。假山周围及池底造些洞穴，以利于牛蛙栖息。池中还可

种几株莲藕。三是饵料来源。在池附近（或池中假山上）设补饵台，其上安装黑光灯诱虫。庭院内栽种葡萄、瓜、豆等，既为蛙提供更多的隐蔽场所和吸引更多的昆虫供蛙捕食，又能做到养殖业和种植业双丰收。如果养蛙数少而昆虫丰富，安装灯诱虫基本可解决饵料供应问题。否则，应收集或培养牛蛙饵料。②饲养管理要点。庭院养殖除注意避防蛇、黄鼬等天敌外，还应注意养殖场地与鸡、鸭、猫等动物活动场所隔离，防止这些动物捕食牛蛙及其蝌蚪。养殖池水深一般0.5~0.7米。庭院水池一般换水不便，因此，要高度重视其水质的维护。日常要注意水池洁卫生，定期消毒，以免水体水质变坏。有条件，应经常换水。

（5）牛蛙稻田养殖要点　稻田是蛙的天然栖息场所，虫害多，水生生物丰富，适于牛蛙生活和生长。稻田养蛙生态农业，其优点在于不多占农田，不多耗水，效益好。牛蛙既能为水稻治虫，蛙粪又是稻田的优势有机肥，从而达到稻、蛙双丰收，是一项投资少、利润高、见效快的生态养殖好办法。

①稻田选择与设施。一般选择水源充足、排灌方便、保水性好、田埂结实的稻田，面积可大可小，从几十平方米到数千平方米都可以。选中的稻田1/2~2/3的面积种稻，其余面积种芋或莲藕，二者之间筑一小埂，以为牛蛙提供一个适宜的回避场所。也可在稻田的进、出水口处挖1~2平方米大小、深50~60厘米的保护坑，并在稻田四周挖宽约30厘米、深约50厘米的保护沟，使坑沟相通，供晒田、搁田时牛蛙及其蝌蚪栖息。稻田的田埂应适当加宽、加高，田埂的高度、

以能保持水深 6～15 厘米为宜。在稻田周围设置防逃围栏。防逃围栏可用塑料网布两幅缝合而成，高度 1.5 米以上，网布下端埋入土中 10 厘米以上，网布用木桩或竹桩支撑起来并加以固定。围栏也可采用塑料薄膜、油毛毡、石棉瓦等材料，或用砖砌成围墙。但这些材料建成的围栏通风性较差，刮风下暴雨时易被吹倒或冲垮。为防止牛蛙逃走，进、排水口宜设塑料网纱，网目大小以能防牛蛙及其蝌蚪逃出即可。②牛蛙的放养。当气温升至 18℃ 以上或插秧后 10 天左右，每 667平方米放养幼蛙约 2 000 只，每批放养的幼蛙个体大小应尽量一致。因为稻田里敌害较多（如黄鳝、水生昆虫、鱼、青蛙等），不宜放养蝌蚪。稻田养蛙可以让成蛙在其中自繁，即幼蛙长达到商品规格准时，从中选出少量雌、雄个体继续放养在稻田，让它们繁殖，而不必每年放养蛙苗。另外，稻田放养牛蛙的同时，还可放养鱼苗。这样既为牛蛙提供饵料，又能收获一定量的鲜鱼。③饵料。牛蛙稻田养殖是一种半野生的粗放养殖方式，牛蛙主要依靠捕食稻田里的昆虫为食。当稻田里昆虫较少时，可安装黑光灯诱虫。水稻收获后，或低温季节等情况下，昆虫来源少，可人工投喂小鱼虾、蚯蚓等活饵。④改进水稻栽培技术。栽秧的密度要适宜，改进施肥技术，使稻苗不过于繁茂。尽量不晒田控苗，减少对牛蛙生长的干扰。宜适当多施基肥，尤其是有机肥，以便少追甚至不追肥。追肥应改撒施为球肥深施，或制作颗粒肥塞秧蔸。养蛙稻田一般不必喷施农药。如确需喷农药，宜选用对牛蛙低毒或无毒的农药，并将蛙驱赶到芋或莲藕中暂养数日。⑤防暑防寒。盛夏高温季节，没有稻株覆盖的水田或稻株过小的稻田,水温可能达 38 ~ 40℃,远远超过牛蛙的适应范围。稻田最好种中稻,或早稻收获时高留茬培育再生稻。如果稻田附近有芋、莲藕可供牛蛙栖息,也可种双季稻。必要时在保护沟上方用稻草搭若干个遮阳棚。秋末及冬季,北方稻田养蛙,需在稻田旁挖深坑、存水深 1 米以上,南方则要求稻田保留一薄层水(以水底不结冰为度),以保证牛蛙安全越冬。⑥严防敌害。要注意防除稻田中黄鳝、鱼、蛇、鼠、鸟等危害牛蛙的天敌。

第五节　牛蛙越冬期的管理

牛蛙是冷血变温动物,体温随外界环境温度的变化而改变,其生命活动也因此而变化。当环境温度降到10℃以下,牛蛙的体温降低,新陈代谢活动减慢,减少取食和运动,进入冬眠状态。冬眠会使牛蛙的体重下降,体质减弱,抵抗疾病和敌害的能力下降,容易造成牛蛙的大批死亡。幼蛙的个体小,活动量又大,在越冬期比成蛙和种蛙更易死亡。加强牛蛙越冬期的管理,提高牛蛙的越冬存活率,是牛蛙养殖生产中的一项重要工作。

一、牛蛙越冬期间死亡的原因

(1)温度过低　当水温降至0℃以下,牛蛙体温也降至0℃以下,牛蛙即死亡。若在冬季提供6 ~ 12℃水温或气温、潮湿,有一定氧气,就能安全越冬。

(2)越冬前饲养管理不善　越冬前牛蛙摄食少,则个体小、瘦弱，脂肪贮存量少，因抗寒能力较弱而死亡。

（3）营养过度消耗而死　牛蛙在越冬期间活动和维护体温，要消耗能量，又得不到食物补充。那些个体小、体质差、养料贮存少的个体会因营养过度消耗，瘦弱而死。

（4）敌害攻击　越冬期间，牛蛙活动能力弱，抵御和躲避敌害的能力差。再加上冬季食物少，被敌害攻击而死亡。

针对上述原因，为确保牛蛙安全越冬要重点做好两项工作：一是在牛蛙越冬前饲喂充足饵料，使蛙体内积累足够的营养物质，以增强牛蛙体质，提高抗寒能力。二是为牛蛙创造适宜的越冬条件。

二、蝌蚪的越冬期管理

蝌蚪的耐寒力较强，比幼蛙、成蛙晚 5~8 天冬眠，对于低温冷水的抵抗力较强。在零下 7℃的情况下，只要底层水不结冰，蝌蚪仍能在水中活动。但是，处于变态期四肢都已发生而尾部尚未消失的蝌蚪，对于寒冷的抵抗力较弱，尤其不适应水温的急变。

（1）及早抓蝌蚪的饲养和管理　根据各地的气温条件，对于较早孵出的蝌蚪，要及早加强饲养和管理，促使其早变态，使变态后的幼蛙到越冬时已生长成较大的幼蛙，并在体内贮积足够营养，从而增强越冬的抗寒能力。较晚孵出的蝌蚪，应控制其变态，使之以蝌蚪的形态越冬。

（2）加深池水　越冬期间只要底层水不结冰，蝌蚪也能安全越冬。因此，越冬期间蝌蚪池的水深宜保持在使下层水不结冰的水平之上。一般地说，静水式越冬水深在1米以上，底层水温可保持5℃左右，即使表层温水结冰、积雪，蝌蚪仍安然无恙。

（3）适当增大放养密度 越冬期间可放养密度比越冬前增加0.5~1倍。但密度不宜过大，否则耗氧量增加，易造成缺氧。一般静水式越冬放养密度为1 000~1 500尾/平方米（蝌蚪体长3厘米）。流水式越冬，放养密度可以高一些，一般为2 000~2 500尾/平方米（蝌蚪体长3厘米）。

（4）加强水质管理 蝌蚪呼吸需氧来自水中溶氧。因此，要注意调节水质。经常注水、换水是调节水质的重要措施。越冬池经常补水，水深以大于1米为佳。当水深小于1米时应及时补水，这样既能保持池底层水温在4~5℃，又可给池水增加了氧气。最好每隔半个月左右更换池水1次。流水式越冬时，水流速度一般不超过0.1米/秒。补水时要注意新水与原池水温差不宜超过2~3℃。平时注意调节水质，要求水质优良，溶氧充足，透明度60~80厘米，水中无有害气体和物质存在。要及时破冰，使水与空气进行气体交换，从而增加冰下池水的溶氧量，切勿使水面冰封。一旦发生浮头，则应立即灌注含氧丰富的新水或开增氧机急救。另外，在越冬期间要经常观察蝌蚪的状态，及时捞走死蝌蚪和清除排泄物。

（5）控制水温 提高水温是保证蝌蚪安全越冬的重要条件。有条件的地方可用无毒井水（冬季水温在17℃左右）、温泉水、工业锅炉热水，每天换适量水，使蝌蚪越冬池水温保持5~8℃。越冬期间，还可在蝌蚪池上搭塑料薄膜棚、草帘、电热棒加热下沉网箱等措施，以控制水温。

（6）注意投饵　若水温逐渐回升到10℃以上时，可在水温较高的中午，适量投喂一些营养丰富的精饲料，所投饵料以4~5小时内吃光为宜，日投喂量为蝌蚪总重量的1%左右。

（7）勤于检查，防除病害　尤其要注意水霉病、出血病等疾病。

三、幼蛙和成蛙的越冬管理

刚变态的幼蛙和成蛙的越冬方式基本一样。

（1）增加牛蛙冬眠前的营养　幼蛙、成蛙及种蛙，在进入冬眠前的1个月，要保证饵料的投喂数量与质量，适当多投喂高蛋白质饵料，以增强牛蛙体质和保证机体内贮备足量的营养物质。

（2）控制温度　牛蛙不宜较长时间在5℃以下的环境生活。越冬环境温度最好控制在10~15℃，越冬水温最好控制在5~10℃。对越冬牛蛙可采用加深水层延缓水温降低，池上搭棚覆盖草、芦苇等保温、池上搭棚覆盖塑料薄膜增温等，也可经常用水温较高的井水、温泉水及工业锅炉热水等保持水温，或采用电灯等热源加温。越冬时，如果遇到连续寒冷结冰的天气，就要破冰，避免水体冻结引起牛蛙体液和血液结冰。

（3）调节水质　越冬前，应对池水及牛蛙用漂白粉喷洒消毒1次，防止病菌侵入，冬眠时，牛蛙主要通过皮肤的呼吸作用，维持体温和生命。而且牛蛙在高于10℃的水温条件下会活动、摄食。所以，越冬期间也应注意适时加水、换水，保持水质清新和足够的溶氧量。如用塑料棚保护牛蛙越冬，因蛙的放养密度大，有粪便和残饵积聚、腐败，且棚内空气差，故常会导致水质恶化。要经常清除残饵，更换池水，但换水量不宜太大，换水前后的水温差不要超过2℃。天气晴好、温度回升时，要打开塑料棚的门户，让空气流通，增加池内氧气。

（4）勤检查　在越冬期间牛蛙极易受到敌害的伤害，应注意防除。经常巡查养殖池，看保温效果好不好，看牛蛙状态是否正常，看有无敌害。冬季水鼠、水蛇等危害更为严重，要经常巡塘，若发现要及时捕杀。越冬期间冬眠的牛蛙不吃不动，不需投喂饵料。但温度上升到10℃以上，牛蛙开始活动，并摄食，其摄食量随着温度的增高而增加。此时，可酌量投以饵料。

第六章　林　蛙

第一节　林蛙品种与特性

一、分类学地位

林蛙学名为中国林蛙 *Rana chensinensis*，地方名有哈士蟆、田鸡、油蛤蟆等，在动物学属两栖纲、无尾目、蛙科、林蛙属动物。在我国主要分布于黑龙江、吉林、辽宁、河北和内蒙古自治区等省和自治区，分布在东北地区的哈士蟆分类上为中国林蛙长白山亚种。

二、生活习性

林蛙生长发育过程中，蝌蚪期和冬眠期在水中生活，变态后的幼、成蛙的活动期在陆地生活，两栖生活的时间分别为 6 个月左右。根据中国林蛙在不同季节，不同环境中的活动规律大致可以分为以下几个时期。①繁殖期：每年 4 月初至 5 月初中国林蛙解除冬眠，比青蛙、蟾蜍早上岸 20 ~ 30 天。随着河水解冻而苏醒，中国林蛙多在夜间特别是阴雨的夜晚进入产卵场内寻偶配对。雄蛙一般先进入产卵场，多在黄昏后鸣叫，雌蛙闻声而至，雌雄蛙相会之后抱对产卵。繁殖场水面较小，一般为一至数十平方米的浅水区。产卵多在繁殖场的浅水处进行，水深 5～10 厘米，最深不超过 25 厘米，水质 pH 值为 5.5～7。林蛙多在 0 点到 8 点时间内产卵，5～8 点为产卵的高峰期，产卵一般在 3～5 分钟内即可完成。产卵高峰时的平均气温 10～11℃，平均水温 5～8℃。成蛙产卵完毕即上岸转入生殖休眠。雄蛙仍在水内等待其他雌蛙再配，直至繁殖期结束陆续登陆进入生殖休眠。②陆地生活期：成蛙在产卵后，即 5 月初离开繁殖场所后登陆，在土壤内进行生殖休眠 15 天右。生殖休眠在陆地土壤内，休眠场所多在繁殖场附近的农田、林缘土壤柔软而潮湿的地方，一般潜入土壤深度为 3.5～5 厘米。其休眠姿态与冬眠相似。生殖休眠复苏后即从山下向山上森林或植被茂密的地方迁移。陆地生活期通常以天然冬眠场及产卵场附近的森林为中心，一般不超过 3 千米。从 5 月中旬至 8 月末，多数林蛙选择阴坡、潮湿而凉爽的阔叶林或灌草丛活动。9 月上旬，气温降至 15℃以下时，中国林蛙开始逐渐向山下迁移，向山下迁移多在夜间进行，下雨时白天也会大批迁移，前后持续 7～10 天。当气温下降到 10℃ 以下，即陆续入河（即进入水域内）冬眠。③冬眠期：北方地区，长达半年多的冬季是中国林蛙生活史中最长的时期——冬眠期。中国林蛙冬眠场所一般选择在水量充足的深水湾、暖水泉、泥洞等水域内，在水深 2 米左右严冬不能冻透的深水湾（或池塘）内越冬。从入河至 10 月初（水域上层结冰为止）大约一个月时间里，中国林蛙一般分散潜藏在水底沙砾里、石块下、淤泥中以及杂草或树根间，每处以 1~3 只居多。少有 10~20 只的情况。大约在 11 月期间，当气温下降到 -5℃ 以下时，林蛙深水处集中，头部向下、四肢卷曲，多由几十只至几百只，甚至上千只相互拥挤一处，直至翌年 3 月中、下旬冬眠结束。林蛙每年春天完成冬眠和生殖休眠以后，沿着溪流沟谷附近的潮湿植物带上山，开始完全的陆地生活。林蛙对栖息的森林类型有一定选择，喜栖在林内密度大、枯枝落叶多、空气湿润的植被环境，如阔叶林或针阔混交林，林内有高大的乔木、中层灌木和低层蒿草的三层植被遮阳。林蛙不喜栖息在针叶林内，特别是落叶枯林下。林蛙对山林的方向也有一定选择，春季气温低，林蛙喜欢在温度较高的南坡活动；盛夏时节林蛙喜欢在山林的北坡活动。林蛙在林中活动有一定范围，一般以越冬和产卵地为中心，向外 1~2 千米距离，否则林蛙会因找不到适合的越冬场所而死亡。林蛙一般不越过山顶，但对低矮山岗也能越过。林蛙在蝌蚪期是杂食性，以植物性食物为主，在水中取食。变态后的林蛙具有广食性，以昆虫的活体为主要食物，其次是蛛形纲、多足纲及软体动物。中国林蛙一般在白天捕食，夜间即使有月光也不捕食。林蛙每天有两个捕食活动高峰期，一般早上的 4~8 点，下午 4~6 点，天气较冷时在 11:00~14:00 捕食活动，林蛙摄食旺期是 6、7、8 三个月份，成蛙每年摄食量为 1 000 多只昆虫。

三、生长特点

中国林蛙是我国北方所产蛙类中生长最快的一种，1、2

年的蛙生长速度最快。当年蛙体长达到 3 ~ 4 厘米，体重
4.5 ~ 5.5 克。2 年生蛙体长增加一倍，雌蛙体长 6.0 ~ 7.0 厘
米，体重 25 ~ 30 克，雌蛙产卵量 800 ~ 1 000 粒，产油 1.5 ~
2.0 克；雄蛙体长 4.5 ~ 5.5 厘米，体重 12 ~ 15 克。3 年生林
蛙体长 7.0 ~ 8.0 厘米，体重 35 ~ 45 克，雌蛙产卵量 1 500 ~
1 800 粒，产油 3.0 ~ 3.5 克；雄蛙体长 6.0 ~ 6.5 厘米，体重
15 ~ 25 克。4 年生林蛙体长 8.5 ~ 9.0 厘米，体重 45 ~ 55 克，
雌蛙产卵量 2 000 ~ 2 200 粒，产油 4.5 ~ 5.0 克；蛙体长 4.5 ~
5.5 厘米，体重 20 ~ 30 克。林蛙二年性成熟，三年龄正壮年，
最大年龄不过 7 ~ 8 龄。

第二节　林蛙种蛙选择的方法及注意事项

一、种蛙的来源

　　一般情况下，在养林蛙的头 2 年，可采集野生林蛙，第 3
年可自己选留种蛙。种蛙采集可在春秋两季进行。春季采集
的时间短，一般 10 天左右，利用林蛙出河和产卵前的时间抓
紧捕捉选择，用布袋或编织袋暂时贮存，定时用凉水冲洗；
如果用桶装种蛙，只能装桶高的 1/3，千万不能在桶内装水，
以免水中溶氧耗尽，林蛙窒息而死。秋季采集时间较长（9
月中旬至 10 月末），种蛙数量多，有选择余地，可以到远距
离引种驯化，有充分的时间进行选择和运输，清除水蛭，蛙
体消毒，单独贮存越冬。

二、林蛙的雌雄鉴别

鉴别林蛙雌雄的方法，表 6 – 1。

表 6 – 1　林蛙的雌雄鉴别

部位	雄蛙	雌蛙
体型	稍小	较大
腹部颜色	灰白色带褐斑	多为黄白色夹杂橙红色斑纹
躯干宽高	较小	较大
前肢	较粗，第一指内侧有婚垫	较细，第一指内侧无婚垫
内声囊	有	无

三、种蛙的选择

（1）具有林蛙种的特征　中国林蛙鼓膜处有三角形黑色斑；背侧褶不平直，在颞部形成曲折状，雄性有一对咽侧下内声囊。其近缘种日本林蛙吻较长钝尖，背侧褶细窄成直线，趾间蹼缺刻深。据此可将二者区分开来（图 6 – 1）。

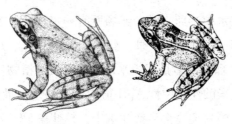

6 – 1　中国林蛙（左）与日本林蛙（右）

（2）体质形态 选择个体大，体质健壮、无损伤，跳跃灵活的蛙。按中国林蛙的体态标准选择，标准体色为背面黑褐色，背部有明显的"八"字形斑纹，雌蛙腹部有红褐色斑纹，皮肤光滑。土黄色或花色的林蛙抱对产卵时死亡率较高，一般不宜选择。2年生蛙体长6厘米以上，体重不低于27克；3年生体重不低于40克；4年以上林蛙体重不低于55克。

（3）年龄 3～4龄蛙为壮年蛙，体大、怀卵量多，适宜作种蛙。一般2龄林蛙即可达到性成熟，卵量1 000～1 200粒。当种蛙数量较少时，可在2年生蛙中选择体大、健壮的个体留种。

（4）雌雄性别比例 通常为1∶1，有时可适当多留些雄蛙。

（5）血缘关系 每年应异地选择，避免近亲繁殖。

第三节 林蛙的繁殖技术

一、林蛙繁殖所需生态条件

林蛙在水中产卵，对产卵场所有一定选择，主要选择水层浅、水面小的静水区产卵。水深10～15厘米，最多不超过25厘米。产卵场地多是泥质水域，有石块、植物茎秆等残杂物，水质呈微酸性或中性，pH值为5.5～7.0，最佳pH值为6.1～6.9。蝌蚪期完全生活在水中，林蛙在5℃时开始产卵，蛙卵在水中受精、孵化并发育成幼蛙。林蛙产卵的最适温度为8～11℃。

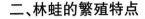

二、林蛙的繁殖特点

林蛙性成熟时间为 2 年，一年生雌蛙的生殖腺处于萌芽状态，肉眼很难看出，野生林蛙在自然状态下，雌雄比例为1∶1.34，蝌蚪发育期间受气温影响较大。随着春季气温升高，林蛙逐渐苏醒过来，解除休眠，出河上岸进入产卵场，出河的适宜温度为气温 5℃，水温 3℃以上。成蛙出河后即开始"抱对"在水中产卵受精，经过 3~9 天的胚胎发育进入蝌蚪期，变成幼蛙上岸进入陆地生活。林蛙每年产卵一次，2 年生雌蛙可产一个卵团，约 1 300 粒，三年生雌蛙平均产卵1 800粒。雌蛙产卵后有一个生殖休眠期，10~15 天，潜伏在疏松的土壤中或树根等遮阳物下面，当气温升高到 10℃以上时，林蛙也恢复了体力，开始进入林中生活。种蛙在生殖休眠期死亡现象严重。林蛙变态过程受温度影响很大，在人工保暖期棚内从孵化蝌蚪到变成幼蛙需用 37 天，在自然发育情况下需要 54 天。

三、种蛙的培育

每年从秋季开始，自当年孵化出的幼蛙中选择生长速度快、体格大、体质健壮的幼蛙。加强饲养，使其体内贮存充足的营养，以确保越冬安全。培育期间，每天投喂占体重 5%以上的适口动物性活饵料，种类要多，并满足其维生素和矿物质需要，每天在上午 8~9 点、下午 4~6 点投喂两次，投喂量以 2 小时内吃光为标准。培育期间保持环境安静，温、湿度适宜。早晚巡池检查，发现问题及时解决。

四、产卵

　　林蛙在配对前，先用消毒药剂药浴 5 分钟。产卵池投放种蛙密度一般为 20 对/平方米，水深保持在 10～20 厘米，水温 7～12℃。正常情况下种蛙进入产卵池后 1～2 小时就可抱对产卵，在气温适宜条件下种蛙入产卵池后 1～3 天后就全部产卵。如有不产卵的种蛙，可将其淘汰。笼式产卵法是将雌雄种蛙按 1∶1 的比例放置到笼（筐、篓）中，人为控制其配对产卵。一般 70 厘米×60 厘米×5 厘米的铁笼可放 30～50对。产卵笼放在产卵池的静水处，笼底保持 10 厘米水层，最好保持水温 10～11℃。林蛙排卵时间非常短，一般为 1 分钟左右。雄蛙在雌蛙排卵后，多数立即松开前肢，停止抱对，离开雌蛙。雌蛙排卵后，在产卵处不动，一般持续 3～5 分钟，慢慢恢复体力后登陆上岸，进行生殖休眠。排出的卵块呈球形或椭圆形，直径 4～5 厘米，卵胶膜透明，富有弹性。产后 1～3 小时内卵块吸水量最大，之后逐渐减少。从胚胎发育到尾芽期，卵块直径达 15 厘米左右，厚度 5 厘米左右。每个卵块包含 800～2 300 粒卵子。卵径 1.5～1.8 毫米，动物极棕黑色，约占卵表面的 2/3 以上；植物极为灰白色或白色。采集卵块宜早不宜晚，每日上午 5～10 点是采集的最佳时间，一般在产卵后 4 小时内采集效果最好。采集卵块工具为捞网，盛卵工具以水桶最好，桶内放一些水，防止卵块相互粘连。长途运输时，加水量为卵块体积的 1/3。采集卵块时要注意与青蛙卵、蟾蜍卵相区别。在东北地区林蛙产卵时间早，大部分林蛙在清明前后开始产卵，刚产出的卵块呈圆形，受精卵粒大，呈黑色，刚孵出的蝌蚪也是黑色的。青蛙产卵时间较林蛙晚，大约在 4 月下旬，卵粒大而呈黄绿色，孵出的蝌蚪较大，皮肤呈黄色。蟾蜍产卵时间最晚，大约在 5 月上旬，卵粒较大，卵块直线形状，孵出的蝌蚪尾短，呈黄色。

五、孵化

孵化前应修补孵化池池梗，清除池底淤泥，提前 3 天灌水（水深 20 ~ 25 厘米），封闭进、出水口，贮水增温，并备足孵化筐。

（1）孵化方法　①孵化筐法：孵化筐的形状为圆形，规格为直径 80 厘米，高 30 厘米。使用孵化筐孵化时，将孵化框密集放到孵化池中，集中孵化。每筐放 10 ~ 12 个卵块，水深保持在 20 ~ 25 厘米。当胚胎发育到尾芽期至心跳、鳃循环期之间时进行人工疏散。疏散时用细孔捞网将卵块捞出，装入水桶，按放养密度放到蝌蚪池中（仍要装在孵化框内，让蛙卵在蝌蚪池继续完成孵化过程。②散放孵化法：将蛙卵散放到孵化池、蝌蚪池处，进行自然孵化。孵化池内按 5 个/平方米的密度投放卵块。为防止卵块在池中漂动或聚集，可用树木、枝条或草绳将孵化池分割成许多方格。

（2）孵化条件　温度是影响林蛙蛙卵孵化最直接的因素，它影响蛙卵的发育速度和孵化率。林蛙是早春低温条件下产卵的蛙类，东北林蛙蛙卵孵化的最适宜温度为 8 ~ 12℃，水温在11℃左右孵化率最高，低于10℃或高于20℃就会降低孵化率。孵化期间水温波动不宜过大，水温变化超过10℃就会严重影响孵化率，蛙卵孵化水温前期宜在10～12℃，后期12～14℃。在适宜水温条件下，受精卵12～15天即可孵化出蝌蚪。受精卵的孵化要有充足的溶氧，缺氧会导致林蛙的受精卵变白、霉烂。水的pH也会影响受精卵的孵化，pH 6.5～7.5比较适合卵的孵化。泥沙可污染卵块，形成沉水卵，降低孵化率。因此要保持静水条件，以减少泥沙对蛙卵的污染。可将孵化池的池底和四壁铺塑料薄膜后再进行孵化。

（3）孵化管理　根据林蛙卵孵化过程要求的条件，要抓好如下管理：①加强池水的管理，尽量减少池水的更换速度，保持水面平静。孵化池5天不换水，第6天换水30%，增加贮存时间使水温升高。水质必须清洁，防止带入泥沙。水深控制在15～50厘米，水温低时，水深可降至10厘米，并增加光照；水温高时可以适当增加水深，并采取微流水、遮光和通风等措施降低水温。②注意预防低温冷冻。蛙卵孵化初期，山区气候多变，常出现降雪冰冻现象。应根据天气预防，在冰冻出现之前用草袋等物覆盖，减轻冰冻，保护蛙卵。有条件者，可在塑料大棚里建孵化池，或采用塑料薄膜及其他物品覆盖，以提高水温，保护卵块。③在孵化过程中，为保证蛙卵孵化有充足的氧气，在有条件的情况下，可在池面装置喷水龙头，这样可多注入氧气供孵化之需（喷水不可过急）。在干旱缺雨、气温高的天气里，为防止漂浮在水面的卵块表面的胶膜水分蒸发，造成胚胎干燥死亡，影响胚胎发育，可用木板、扫帚、捞网等工具将漂浮的卵块轻压入水中，使卵块浸水湿润；或采用洒水的方法，使卵块表层湿润。④孵化过程中要经常检查，一要检查水温，二要检查蛙卵有无污染，三要检查有无沉水卵，四要检查孵化是否正常，五要检查池水中的天敌，如鱼类、水蜈蚣等。发现问题及时采取措施。

第四节　林蛙雌性诱变技术

林蛙的主要产品（哈士蟆油）为雌蛙输卵管的干燥物。雌蛙的经济价值远高于雄蛙。自然条件下，雌蛙仅占林蛙总数的40%左右。因此，科学培育雌性林蛙种苗，增加雌蛙在商品蛙中的比例，对于提高林蛙养殖场的经济效益具有十分重要的意义。研究表明，林蛙每个胚胎同时具备发育成雌性和雄性的潜能，其性别可以由改变个体发育条件加以控制，利用物理化学方法改变林蛙的个体发育环境，使大部分个体向雌性方向发育。目前，林蛙雌性诱变的方法有 3 种，即温度诱变、酸碱度诱变和激素诱变。

一、温度诱变

研究表明，低温有使林蛙胚胎向雌性方向发育作用。在一定范围内，温度高，雄蛙比例高；温度低，雌蛙比例高。在生产中可通过调控蛙卵孵化期间和蝌蚪生长发育期间的水位和光照等方法将水温控制在适宜的范围内，以提高雌蛙的数量。为了多出雌蛙，蛙卵孵化期间适宜水温为 8 ~ 12℃，孵化后期不要超过18℃。变态期的水温应在20℃以上，不超过 25℃。主要措施是采取向蛙池灌注凉水，最好是深井水，在池边搭凉棚遮阳。需要指出的是，水温低有利于提高林蛙雌性比例。但水温不能太低，水温低于 5℃，林蛙卵发育缓慢，甚至不发育，并且，低温也不利于蝌蚪正常生长发育。

二、酸碱度诱变

在酸碱度上是碱性越高雄蛙越多，酸性越高雌蛙越多。蝌蚪适宜的 pH 值为 5.5~7.0，最适 pH 值为 6~7，超过 6.5 时雄蛙的比例就会增加，小于 5.5 蝌蚪就会出现酸中毒，所以，最好将 pH 值控制在 6.0~6.5。对大多数养殖场而言，自然状态下的水 pH 值都可能在 6~7，不必强行调整改变。

三、性激素诱变

研究表明：在蝌蚪期科学使用雌激素蝌蚪变成雌蛙的比例明显提高。性激素诱变对在整个蝌蚪期的蝌蚪都有效，但对 5~25 日龄处于性别分化前期的蝌蚪效果最好。实践证明，激素诱导可分为将雌性激素和饲料混合拌匀投喂给蝌蚪、直接用喷雾器将雌性激素喷洒到蝌蚪池中通过水体给药两种方法。喷雾给药的吸收效果不如饲喂给药，但持续时间较长。

第五节　林蛙不同阶段的饲养管理

一、蝌蚪前期的饲养管理

（1）蝌蚪放养　蝌蚪孵化出膜后的 10～15 天内幼小体弱，摄食能力弱（特别是在最初 3～4 天以卵黄作为营养，不摄取外界食物）、对外界环境反应敏感，因此，不宜转池培育。否则，会因为捕捞等操作而引起死亡。蝌蚪在孵化池内暂养 10～15 天后方可转入蝌蚪池饲养。在充分做好蝌蚪放养准备工作后，即可在蝌蚪池内放养蝌蚪。蝌蚪放养的关键环节是按蝌蚪的大小、强弱分级分池放养，根据具体情况确定适宜的放养密度。即使是同期产出的卵在同一孵化池孵化，但蝌蚪脱膜的早晚、生长的快慢会有差异，如不按大小、强弱进行分池饲养，会造成大欺小、强欺弱，甚至大蝌蚪吞食小蝌蚪。按发育阶段、身体大小、体质强弱将蝌蚪分池放养，即可以避免大吃小，又可做到同一池内蝌蚪的均衡生长。蝌蚪体质强弱可用如下方法鉴别。①强者：规格整齐，体质健壮，无病无伤，色泽晶莹，头腹部圆大。在水体中，将水搅动产生漩涡时，能在漩涡边缘逆水游动。离水后剧烈挣扎。尾能弯曲。②弱者：颜色淡，头腹部较狭长，在水中活动能力弱，随水卷入漩涡。离水后挣扎力弱。尾少许弯曲。蝌蚪放养密度通过影响水体的质量（特别是水中的溶氧量）而对蝌蚪生长和成活产生影响。蝌蚪密度大，需要的饵料就多，需氧量大，容易导致水质污染、水中缺氧，从而使蝌蚪大批死亡。林蛙蝌蚪放养密度一般每平方米 1 000 ~ 2 000 只，也可采用先密后分散的方法，后期使密度趋于每平方米 1 000 只。疏散时用塑料窗纱做成的小捞网（直径 20 ~ 30 厘米，有柄）捞取蝌蚪，装在半桶水中，每桶可装 2 ~ 3 千克，疏散过程中要注意防止蝌蚪损伤。

（2）蝌蚪的饲喂　蝌蚪初生 3 ~ 5 天内以胶膜为食，此时不必投饵料或适量投入熟豆浆，从第 5 天起开始投饵饲喂。5 ~ 10 天可投喂些浮游生物（草履虫），每日 1 ~ 2 次（9：00 ~ 10：00；12：00 ~ 13：00），也可投喂豆浆或蛋黄加水制成的过滤悬浮液。蝌蚪长到 10 ~ 15 天，可用豆浆、豆饼混合饵料，并加少量水蚤粉末。20 ~ 25 天，可加喂动物性饵料。投喂量以饵料台上无残存剩饵为准。如当天没有吃完，第二天一定要拣出，以免蝌蚪吃进变质饵料而患肠胃病。收回时要检查蝌蚪的食饵情况，并及时加以调整。如投下的饵料很快就被吃完，就应酌量增加；如投下的饵料有剩余，则应减少投饵量。1 月龄以后的蝌蚪，后肢开始萌芽，处于发育变态的阶段，食量大，每天投喂饵料 2 次，饵料中应逐渐加大动物性饵料的比例，多投些肉糜等，同时注意保持水的肥度。当蝌蚪养至 40 天时，蝌蚪进入变态期，少吃不动，靠尾部提供营养。但此期同池内蝌蚪变态时间上很不一致，尚未进入变态后期的蝌蚪仍需进食，可以酌情少量投喂。

（3）水质、水温管理　水质的好坏直接影响蝌蚪的生长发育与成活。蝌蚪池的水质要"肥、活、嫩、爽"。林蛙蝌蚪能耐低温，但不耐高温，而且水温过高，蝌蚪变态快，幼蛙个体小。一般水温在 20℃ 左右，不可超过 25℃。蝌蚪前半个月左右水温较低，要通过调节灌水提高水温。白天阳光充足时要浅灌水；夜间或阴天要深灌水，可使水深达30厘米，还可用封闭式或半封闭灌水法提高水温。6月中下旬，水温开始升高，有时可达25℃，此时可采取深灌水、大流量、加快流速等方法降温水。凡水质恶化、变质，都对蝌蚪生长不利，应及时通过排放池水，增加肥度等办法调整。换水时的温差不宜超过2℃为宜，严防有毒废水侵入蝌蚪池。

（4）注意水中溶氧量　首先要保证池水中有足够的溶氧，水中溶氧量需保持在3.5毫克/升以上。蝌蚪池水中溶氧量以每天的黎明最低。闷热的阴天、水体过肥及蝌蚪的放养密度过大，都会使水中溶氧量大为降低。因此，观察池水是否缺氧，宜在每天黎明及闷热的阴天。如果蝌蚪浮头，可初步断定水体中缺氧。水体中缺氧时，除及时换水、控制施肥和蝌蚪的放养密度外，必要时使用水中增氧剂如鱼浮灵粉，可起到良好的增氧效果。

（5）定期巡池　每天早晨、中午、傍晚巡视3次。巡池时，密切观察有无蛇、鼠、杂鱼等侵入，发现后立即将其驱除或消灭，并记录气温、水温、水质等状况。

二、变态期的管理

蝌蚪进入变态期形态上显著变化是体形变瘦变小，体重下降；尾部迅速缩短到基本变成蛙形时，尾仅剩下8毫米左右；从背面看，体前部形成侧面突起（即前肢肘节外突出形成的突起）。蝌蚪饲养经30～35天开始出现后肢，

40 天左右开始伸出前肢，尾部逐渐萎缩。6 月下旬，大批蝌蚪进入变态期，可以从饲养池中将蝌蚪送往变态池。变态池要保证足够的水量，大约每平方米可放养 500 只蝌蚪。变态池的水温以 20~25℃ 为宜，水温低于 15℃，四肢发育缓慢；水温高于 28℃，易死亡。蝌蚪在前肢长出以后，鳃的呼吸功能逐步退化，肺的结构和功能逐渐完善。此时蝌蚪无法长期生活在水中，而需要经常露出水面或登上陆地呼吸新鲜空气以维持生命代谢需要。在此阶段，要及时给予登陆条件，促使其登陆。此期注意尤其要注意以下事项：①保持环境安静，使变态蝌蚪不受惊扰，充分休息。②适当降低池水深度，暴露一部分池边滩地供其登陆。刚变态的幼蛙体质弱，皮肤薄嫩，怕日晒和干燥。幼蛙提供登陆上岸后和栖息的地方要有杂草，还要经常喷水，使地面保持潮湿。③在建蝌蚪池时坡度要小一些，如达不到要求可适当降低。应向蝌蚪池中放一些木板、塑料泡沫板等水上漂浮物，使变态的蝌蚪可离水登上木板或泡沫板呼吸新鲜空气。或将树条一边放到池中，一边搭在池边做成搭引桥，以便使变态的幼蛙通过引桥爬到陆地上。④及时设置饵料台，开始时投喂活饵，使幼蛙及时生长发育。上岸 7 天左右后，当幼蛙散开，不集堆时，开始投喂饵料，人工饲喂的黄粉虫以 2~3 龄幼虫为好，投饵区域应在变态池的岸边附近，投饵量宜多不宜少，随着幼蛙的逐渐生长发育，可逐渐投喂较大的饵料，投饵范围逐渐扩大最后将饵料投放到饵料台上。⑤细心饲养，精心管理，发现问题，及时解决。

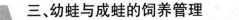

三、幼蛙与成蛙的饲养管理

（1）全人工养殖

①放养。养殖区消毒可以通过日常喷水以及定期加消毒剂来完成。根据环境条件、人工饵料的保障情况、天然饵料的丰富程度及越冬前预期长成规格等灵活掌握放养密度。一般刚登陆的幼蛙，每平方米放养 250～300 只；1 个月左右，每平方米放养 150～200 只；登陆 2 个月左右，每平方米放养 150～200 只，成蛙商品蛙 40～60 只，后备种蛙 20～30 只。②投喂。幼蛙的日投饵量初期按幼蛙群体总重的 8%～10% 投喂，以后依据幼蛙个体大小、水温气温高低、饵料质量优劣和摄食情况灵活掌握。成蛙日投饵量一般按成蛙群体总体重的 10%～12% 投喂即可。每天在早晨 4～5 时或下午 5～6 时投饵，阴雨天不投喂，雨后天晴地面无积水再投喂，天气干旱时可以在喷水后 2 小时喂食。投饵要沿着作业道向全圈均匀撒放，在幼蛙集中的地方多放一些，要逐渐驯化成"五定"投喂，以提高饵料的利用率。投喂的饵料要新鲜，营养丰富全面，品种多样化，严禁投喂发霉、变质饵料。投喂活饵时养殖投放数量，避免活饵料死亡或逃逸，如饲喂黄粉虫时以每只成蛙投喂 5～6 龄黄粉虫 3 或 4 条为宜。为降低生产成本，增加蛙的食物来源，在养蛙圈内设置黑光灯诱虫，堆放蒿草、人畜粪便等招引和滋养昆虫。③日常管理。幼蛙与成蛙要分圈饲养，更不能与当年变态幼蛙同圈，防止互相残杀以大吃小的现象。做好"五防"，即防干扰、防干旱、防逃

逸、防天敌和防病害。防干扰是防止人畜干扰破坏，防止野鸭、鹰、乌鸦、蛇、鼠类天敌等，要坚持昼夜有人看护。防干旱主要在晴天少雨时要经常喷雾和洒水，以保持场地湿润和适宜温度，一般喷雾时间在 10 点和 14 点进行，每次 10 ~ 20 分钟为宜，并防止地面积水。幼蛙和成蛙陆地生活期适宜温度为 18 ~ 25℃。防逃逸主要是在幼蛙和成蛙养殖池设防逃屏障，并经常检查内外围栏有无破损，发现裂缝和破洞要及时修补，特别要注意阴雨天的夜晚。防天敌主要是要采取人捉、电捕和药杀等办法消灭林蛙的天敌，发现蛇鼠及洞穴要立即清除，保持电猫经常有效。防治害主要要以预防为主，林蛙入圈前要全场消毒，养殖过程中要定期全场消毒，成蛙逃逸能力强，很容易与围栏碰撞受伤，感染疾病，要在围墙内侧再围一层塑料薄膜或编织布，特别是围栏的转角处。林蛙群居活跃，更易受伤感病，要加强防护。

（2）半人工养殖　半人工养蛙是在封沟育蛙的基础上，对蝌蚪繁殖阶段实行人工养殖技术，林蛙的陆息和冬眠阶段基本上是自然放养，只是增加了人工管护作用。

①放养场的选择与建设。养蛙场必须在林蛙的自然分布区域内，自然状态下没有林蛙分布的场所不能作养蛙场地。养蛙场应建在阔叶林或以阔叶为主体的针阔混交林地带，不能选择在大片针叶林，特别是落叶松林为主的林地，同时要考虑林相结构，如森林的层次、密度和年龄都要适当，最好有乔、灌、草三层遮阳的林地，要保证林下光线暗淡、湿度大、盛夏季节温度低，郁闭度大于 0.6。林下地表植被要求密集且高度在 30 厘米以上，草本植物茂盛，有较厚的枯枝落叶

层，有灵星分布的灌木丛，林缘有塔头草甸植被，这样地带能为林蛙提供充足食物昆虫和小动物，使林蛙有较好的潜伏环境。以自然形成的山沟为单元，也就是"两山夹一沟"或"三山夹两沟"的小流域，沟长 2～10 千米，沟宽 200 米以上，而且溪流两岸较为平缓，这样的山形地势作养蛙场最合适。场址确定后，应改建或补建适合林蛙繁殖活动的场所，如繁殖场（包括产卵孵化池、蝌蚪池、变态池）、越冬场及防逃设施等，繁殖场面积不应过小，一般离放养场 2 千米以内，产卵池应占繁殖场面积的 1/30～1/20，孵化池应占繁殖场面积的 1/20～1/10。林蛙放养前用 0.7 毫克/升漂白粉溶液消毒。②放养。1 龄幼蛙可以集中越冬，春季集中放养。当放养场温度条件较好，如积雪融化、土层解冻，最好实行春眠前放养；放养时间在吉林省是 4 月中旬至 4 月末，白天气温在7～10℃时。放养密度视放养场条件而定，一般每 1 000 平方米放养 2～6 千克（500～2 000 只）。当春季气候条件不宜，如春寒低温时，可实行春眠后放养。春眠后放养幼蛙时为保证幼蛙顺利春眠，可选择适宜地方挖深 30 厘米的春眠坑，长宽根据幼蛙数量而定，先铺垫 5 厘米后松软的山皮土，再加20 厘米后枯树叶，四周用塑料薄膜围墙围起来。将其引诱放入春眠坑后，幼蛙会自动钻进枯叶中。春眠期间要经常往树叶上洒水，以保持湿润。当温度升到 10℃时，幼蛙便会自动接触春眠，应及时取出送往放养场。

种蛙繁殖后应及时从产卵池取出，送往放养场进行生殖休眠。为防止体弱雌蛙钻不进土层，可人为埋藏，雄蛙的休眠场要远离繁殖场，以防止个别雄蛙重返繁殖场。成年蛙的放养密度为每 1 000 平方米放养 500～1 000 只，最多不超过 2 000 只。③饵料。半人工养殖饵料来源两个方面：一是天然昆虫；二是人工投喂的昆虫。诱引天然昆虫可采用在林蛙活动区堆放青蒿、青稞招引昆虫产卵繁殖的方式，也可采用堆放猪粪或腐烂秸秆繁殖昆虫的方式，或夜晚黑光灯引诱昆虫的方式。④日常管理。首先加强放养场地的巡视和看护，以防止偷捕行为，随时对林蛙天敌——蛇、鼠、鸟等进行捕杀和驱除。其次，随时对人工设施（如防逃屏障、水池等）检查维修，发现问题及时处理。最后控制非放养蛙类，如蟾蜍、青蛙、树蛙等，以免其与林蛙竞争。

（3）温室大棚养殖

①林蛙温室大棚养殖的意义。一般认为，低温导致林蛙长时间不能进食，温差大、冻雨和大风等是导致林蛙春季出蛰后体质、体重下降和成活率低的重要原因。在自然条件下，林蛙在 5 月初出河时温还很低，气温变化大。经过一个长达 5 个多月冬眠的林蛙，体内贮存的养分基本耗尽，如不能及时进食补充营养，将被迫产生应激反应进入休眠状态。一般说来温室大棚内温度较高，在春季可增温 4℃左右，且气温变化较小，在天气好时，林蛙就能主动摄食补充营养，可显著提高林蛙的成活率。林蛙要求相对湿度在 70% 以上，刚刚变态的林蛙湿度要求更高。传统的围栏养殖方式因场地有限不能提供良好的隐蔽环境，特别是在春季有大风侵袭时，会造成林蛙皮肤干燥，常常出现死亡，有时死亡率可达 40%。温室大棚覆盖的聚氯乙烯无滴膜密闭性好，水汽不能散失，相对湿度较高，且能够阻挡大风的吹袭，有利于林蛙生长，从而

大大减少林蛙死亡。林蛙是变温动物，只有气温达到18℃时，林蛙体温达到15℃，它才有进食的欲望。只有二龄蛙达到30克以上，产出的林蛙油比较多时，才能出栏产生经济效益。传统式林蛙养殖的圈舍中，林蛙春季不食，体重至少要降低20%。利用温室大棚养殖林蛙可以使林蛙安全度过春秋寒冷季节，增加有效积温，并能够使之增加一定的进食时间。一般来说，利用温室大棚人工养殖的林蛙可使林蛙可以提前20～30天出河，同时林蛙也可以提前20多天进食。在秋季天气要冷时（一般在9月初）将大棚扣上，林蛙在大棚中要比在自然环境里又增加20天的采食时间。这样在一年里，林蛙在温室里比在野外多出50天左右的进食生长时间，有较充裕的时间生长发育，大大提高其出栏率。②林蛙养殖温室大棚的建设。温室大棚可建在林间、庭院、田间等地。一般选择东西向长，南面无遮阳，水源充足，土壤保水保肥，无污染、无噪声和惊扰的地块建设。林蛙养殖的温室大棚建造方法和栽种蔬菜、花卉的温室大棚基本相同，可根据经济条件建设成简易式、永久式温室大棚。一般可用简易式塑料薄膜大棚，温室大棚顶部需设有通风窗（口）。经常开启的门要有双层门，吊挂帘，覆盖草苫无纺布等。温室大棚内栽植稀疏的植被以遮挡阳光，使阳光不至于直接照射林蛙，一般可栽植苋菜、广东菜和白菜等。有条件者，温室里面设置降温、加温、水循环设备及喷雾设备和遮阳网等，以防止温度应激对林蛙产生影响。温室大棚空间有限，林蛙繁殖场的抱对产卵池、孵化池、蝌蚪饲养池、变态池可以共用。一般在温室大棚内中间设置多功能饲养池，多功能饲养池规格一般为宽1.5～

2.0米，深30～50厘米，长度视温室大棚大小而定。多功能饲养池设进水管和出水管，进出水管口设防逃网。水池设台阶，便于幼蛙登陆。冬季可将多功能饲养池深挖至0.7～0.8米，用于林蛙冬眠。温室面积较大时，室内可建多个多功能饲养池。为防止林蛙外逃和防止鼠蛇等天敌进入，在多功能水池外围四周用石棉瓦、塑料薄膜或砖墙作为围栏，用作饲养幼蛙、成蛙场地。围栏之间、围栏与大棚间留有过道，以便于车和人行走。围栏内设置饵料台或饵料盘（可用碟、塑料盘等）用于投喂黄粉虫等饵料昆虫。温室大棚养殖林蛙，危害最严重的是鼠害。可在塑料薄膜围栏外侧底部或砖墙围栏顶部安装自动电猫王，防鼠效果好，但要注意人身安全，进入温室大棚前要关闭电源。③饲养管理。在春季林蛙出河前，一般3月份扣膜，做到提前蓄热，确保较高的地温。棚膜要保持清洁，损坏时要及时修补。正确掌握揭盖草苫的时间，合理利用采光时段，早晨阳光洒满棚面即可揭开草苫，下午室温要降低时，适时盖草苫。夏季炎热，可以卷起薄膜，防止温室大棚内地面温度超过30℃；温度过高时可覆盖遮阳网降温，亦可喷水加湿降温。如有降雨要及时将薄膜放下，以免林蛙受雨淋而发病；并保证夏季长期降雨的情况下能够继续饲喂林蛙，不至于雨中无法饲喂体重下降。在秋季，天气要冷时，一般在九月初还要把大棚扣上。温室大棚养殖中的幼蛙、成蛙放养密度不同，一般情况下2龄蛙30～50只/平方米，当年林蛙在120～160只/平方米。养殖过程中采用多种昆虫搭配的方式饲喂林蛙，饵料昆虫投喂一定要均匀，保质保量。投饵量一般以每次投饵后1小时吃完为原则，在雨季，适当减少投饵量。每天观察林蛙吃食和活动情况，及时收回林蛙吃剩的饵料，避免剩余饵料对蛙圈造成污染和饵料浪费。林蛙主要趴伏在地面，地温对其影响很大，生产中应注意 0 ~ 10 厘米处地温和近地的气温，并根据地温适时投饵。如春秋季节气，可利用当日 13:00 ~ 14:00 的高温，饲喂林蛙，使林蛙摄入饵料，增强体质，减少死亡。当林蛙生长发育不均时，要大小分级饲养。林蛙的生长需要较高的湿度环境，一般要求相对湿度在 70% 以上，比刚刚变态的林蛙湿度要求更高。在相同的温度条件下，林蛙的成活率随着空气湿度的降低而降低。温室大棚薄膜的透气性差，密封性好，棚内湿度较大，养殖林蛙具有特别的优势。但温室大棚养殖林蛙过程中还要更根据实际情况适时加湿，有条件者可在棚内安装自控喷头，进行人工降雨对全场进行全面加湿处理。喷水时要注意水的温度，水要晒热，防止冷应激。一般可在中午气温高时喷雾，喷头的分布要偏向四周。当高温干燥时，需经常喷淋水。集约化养殖林蛙排泄物多，加之养殖密度大环境微生物易大量繁殖，需要定期清扫、消毒。消毒剂要选择安全、无刺激、无残留、高效的药物。带蛙消毒时常用碘制剂或季铵盐类，雾状喷水效果最好。多功能饲养池应适时换水，保证水质清新。发病蛙要及时隔病治疗，死蛙要及时埋掉。逃跑是林蛙的天性，特别是在雨天更明显，有一个小缝隙林蛙就能逃出，而且会出现批量的逃跑。鼠类常在在棚边打洞、咬破围栏，咬食林蛙或蝌蚪，对林蛙危害极大。为此，需每天检查围栏和电猫，特别是在雨天要加强巡查，确保正常。

第六节　林蛙越冬期的管理

越冬的林蛙主要是幼蛙和种蛙，半人工养殖场内都修建专用的越冬池。如果利用原有塘坝、水坑越冬，要将塘坝加大加深，尽量铲除淤泥和杂草，以减少有机耗氧，防止有害气体产生；要彻底清除越冬水源中的害鱼。水中布设供林蛙藏身的遮蔽物，如树根、大块石等。有条件者可建设人工越冬池。在每年林蛙入池越冬之前用 1.0 ~ 1.5 毫克/升的漂白粉或 0.7 毫克/升高锰酸钾对越冬池消毒。越冬池内放入的林蛙数量不能超过 200 ~ 300 只/平方米。亦可将冬眠前的林蛙暂时放于暂养池贮存，暂养池设对角线式进出水口，并拦网防逃，保持水深 20 ~ 30 厘米，池底放些树枝、木块、砖头、瓦片等，暂养密度为 600 ~ 700 只/平方米。进入 11 月中旬，水温和气温分别下降到 5℃ 和 8℃ 以下时，可将林蛙装在铁笼中（规格为 70 厘米 × 60 厘米 × 50 厘米或者 70 厘米 × 60 厘米 × 60 厘米，每笼放成蛙 500 ~ 700 只或幼蛙 1 000 ~ 1 200 只，笼内放些草把等杂物），然后放入水深 1.5 厘米处冬眠，并将笼子固定。无论采用哪种办法，都必须严加管理。第一，应经常检查出入水口是否断水，发现断流要设法排除，保持池中水体处于流动状态，越冬期水位要保持在冻层下有 1 米的深水层。第二，越冬池的冰面保持清洁，扫除积雪，使池中水生植物进行光合作用，增加水中的溶氧。在有条件的地方，应当检查池水的溶氧量，大体每升水含 5 毫克以上溶氧，林蛙即能安全过冬。如果越冬池溶氧不足，可打开冰眼以通空气，增加水的溶氧含量。第三，防止冰面有较大震动，使林蛙安静冬眠，减少林蛙活动就能减少体内物质消耗，健康生存。第四，预防天敌侵害。当春季水温升高到 3～5℃时，水中林蛙从冬眠中苏醒过来，离开越冬池上岸活动，初期并不远离冬眠池，温度低时还回到水中生活，营水陆两栖生活，这时可以采集种蛙送到繁殖场，采集幼蛙送往放养区，也可以让其自由上山生活。

第七章　石　蛙

第一节　石蛙品种与特性

一、分类与分布

石蛙学名棘胸蛙 *Paa. spinosa*，是我国的大型食用蛙（图7-1），在动物学上属两栖纲、无尾目、蛙科、棘蛙属，分布在我国的江苏、浙江、安徽、江西、福建、云南、贵州、湖南、广东、广西壮族自治区等省（自治区）。

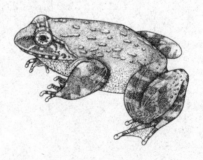

图7-1　石蛙（♂）

二、生活习性

石蛙属于流水生活型蛙类。常栖于山区水流较缓的小溪内或在流溪的迴水坑内，溪的两岸植被丰富。它们很少离开水域，体色常与它们的居住环境相适应。石蛙是穴居性动物，洞穴位置常选择在溪流两岸靠近水面处，有时开口的一半在水面之下；洞口一般不大，进、出口合而为一，洞内极为光滑、潮湿，洞底 15~25 厘米，洞底略低于洞口。石蛙一般不集群活动，但也常几只或几十只共栖一处。在环境幽静情况下，每只蛙都有大致固定的栖居位置。石蛙喜食活动的动物，一般不食死的或不动的食物。自然状态下，石蛙的食性广泛，除昆虫、蜈蚣、蜘蛛、马陆、蜗牛、螺、蚬、蚯蚓、虾外，还捕食蟹、杂鱼、泥鳅、幼蛇和小型鸟类。石蛙在自然界中一般吞食量为其体重的 9%，有时达到 12.8%。在安静适宜的环境中，石蛙白天也出穴觅食，夜间是活动的盛期。在自然条件下，当食物严重短缺时，石蛙饥饿难忍，往往会出现自相残杀。石蛙是变温动物，正常活动的温度范围是 10~30℃，生长适宜温度为 16~26℃，最适温度为 18~23℃。当寒冬来临，水温降至 6~8℃时，棘胸蛙即蛰伏于溪边洞穴或潜入深水淤泥中冬眠，冬眠时间 100 天左右（具体时间长短，要看当地的气候特点）。石蛙不耐高温。当水温为 28℃时，摄食活动减弱；当水温达到 30℃时，进入夏眠状态，不吃食，也很少活动；当水温超过 35℃时，即萎靡不振，表现病怏怏的样子，不能长久生存。春秋两季是其活动最频繁、摄食量最大、生长最迅速的季节，4～6月、8～9月是繁殖后代的最好时期。石蛙善跳和攀爬，平时活动较弱、平稳，跳高可达1.2米，跳远可达3～5米。在繁殖季节，雄蛙较雌蛙提前1～2周鸣叫发情，这时其前肢婚垫格外明显，呈暗红色，胸部黑疣特别发达，发出"呱、呱"的求偶声。产卵时，雌雄必须将卵产在流水所冲击的溪边，交配时雄性强有力地拥抱着雌性，并借助于腹部的棘加强雄性的固着力，使它们不为水流所冲散。石蛙卵常产于水流平缓浅水处，附着在石块、水生植物体上，卵外的胶质膜遇水膨胀变厚，黏性强，相连成索状或葡萄串状，每簇有20～30厘米。石蛙的卵为圆形，卵径4～5毫米，每次产卵300～600粒，有极少数超过1 000粒。整个产卵抱对时间极长，时产时停，抱对行为可延续数小时，甚至1～2天。产卵时，忌惊动。在适宜温度下，蛙卵通常在8～15天后，孵化成蝌蚪，蝌蚪喜生活在溪水坑内的大石逢内或碎石堆中，蝌蚪在适宜的环境中，一般经50～78天的生长，变态成幼蛙。石蛙蝌蚪有时取食溪边水草或水底的水绵，它们使用角齿啃食，把柔软的植物组织啃下来食用。蝌蚪所啃食的种类有植物性的小环藻、丝藻、水绵、苔藓、硅藻、甲藻、金鱼藻及植物碎屑；动物性有草履虫、纤毛虫、水蚤、轮虫等。有人还发现石蛙蝌蚪以刮起水中石块的附生植物、水域中的浮游生物、落入水中的植物嫩叶或溪中的动物尸体为食，有时还啃食死亡的同类。

第二节　石蛙种蛙选择的方法及注意事项

一、石蛙的雌雄鉴别

见表 7 – 1。

表 7 – 1　成年石蛙的雌雄鉴别

特征	雄	雌
体型	一般较大	较小
背部	有许多窄长疣	有分散的圆疣
胸部	有黑色棘突，手摸有粗糙感	无棘状棘突
腹部	粗糙，淡黄色	光滑，白色
前肢	粗壮发达，有婚垫（繁殖季节）	短小，无婚垫
咽侧	有生囊孔	无生囊孔
鸣叫	有	无

二、种蛙的选择

石蛙的产卵孵化季节在 4 ~ 9 月，5 ~ 6 月是产卵高峰期。要提高产卵率、孵化率，必须从种蛙冬眠复苏开始，做好种蛙的选择和配种、产卵、孵化等准备工作。

（1）具有石蛙种的特征　要根据石蛙的外部形态特征，皮肤色彩等挑选真种石蛙，不要误把其他蛙选入。石蛙体形与棘腹蛙相似。但石蛙雄性仅胸部有分散的大黑棘。同时，防止把未经人工驯养的石蛙作为种蛙，这类蛙一旦移入室内，会因环境突变，出现惊恐，乱窜乱跳，结果会致死。

（2）体质形态　在冬眠之后，春繁之前对成蛙作全面检查分类，选择个体较大、身体健壮、皮肤光滑、发育良好、无残疾、无破损，达到性成熟的成蛙留作种用。要求雌蛙体重 200 克以上，体形丰满，腹部膨大柔软，卵巢轮廓隐约可见，富有弹性。雄蛙体重 250 克以上，前肢短粗，婚垫明显，胸部黑刺发达，鸣叫洪亮。

（3）年龄　多数石蛙经 2 年生长，可达到性成熟。种蛙应在 2 龄以上。

（4）性别比例　雌雄配比 1：1。

第三节　石蛙的繁殖技术

■ 一、种蛙的培育

种蛙池宜建在安静、弱光处，池高 1.2 米，面积 5～10平方米，池水深 15～20 厘米。池内水陆面积 3：1，池底铺垫鹅卵石和石块构成的石穴，利于种蛙栖息产卵。要求池水容量相对稳定，水质清新，pH 值为 6～8，无有害寄生虫。种蛙放养前，池塘用生石灰 100～200 克/立方米或漂白粉 10 克/立方米消毒，几天后清洗干净，重新注入清洁水。种蛙投放前需用高锰酸钾 10 毫克/升或食盐 1%～2% 浓度消毒。每平方米放种蛙 5～10 只，按雌雄 1：1 比例进行群养，选留的种蛙在冬眠前或春繁前必须做好放养准备。准备选留作种的蛙在冬眠前应加强饲养，使之膘厚体壮，保证安全越冬。种蛙以蚯蚓、黄粉虫、飞蛾、蝇蛆和其他昆虫等动物性饵料为主，摄食量5~9月最大，发情期间减少，产卵后期增大。饵料投喂量以采食后略有剩余为宜，每天投喂量保持均衡。投饵时间一般在傍晚（依太阳刚要下山时为准），每天1次，定点投饲。不可忽多忽少。在种蛙配种产卵时，要为其营造光线暗淡、幽静、水质清新、水位稳定的环境。

二、配种和产卵

石蛙冬眠后，卵泡迅速发育，通常到4月份、水温15℃、气温20℃以上时开始配种产卵，9月底结束。石蛙1年产卵1~2次。种蛙一般在夜间21点后抱对，抱对刺激对配种雌蛙是必要的，配种雌蛙一般于清晨4~7点排卵，有些延至9~10点。石蛙卵呈球形，类似鱼眼，卵直径约4毫米，卵外层胶质膜呈圆形，卵产出落水后，胶质膜吸水即膨大，卵胶质膜彼此相连成卵块，呈葡萄状，卵块吸附在产卵池内的石块、水草或池壁上。石蛙卵动物极呈灰黑色，植物极呈浅黄色，未受精的卵3天后动物极明显变黄，植物极白色不透明。

三、孵化

在孵化前要对孵化池全面消毒。孵化前，孵化池内适当投入一些水生植物，如水浮莲、水葫芦、金鱼藻、浮萍、杨树根等（约占水面积的1/3）。在繁殖季节，每天早晨巡池1次。刚产出的卵在1小时之内尽可能不要搅动，以免卵块破碎，降低孵化率。雌蛙排卵1小时后应将卵块取出，操作时必须仔细、轻缓，注意保持卵块的完整性。取出的卵轻轻放

于事先准备好的孵化池中进行孵化，动物极朝上（即有黑色
的一端），植物极朝下。同一窝卵不可分开孵化，孵化密度为
每平方米6 000粒。根据条件亦可以采用孵化网箱、孵化框、
塑料盆或其他容器孵化。孵化网箱可用40目的聚氯乙烯网片
做成120厘米×80厘米×50厘米的长方形箱体，固定在水中
即可。孵化期间要求生态环境稳定，水质清洁，水深25～30
厘米，受精卵在水面下5～10厘米，水温18～28℃，水中溶
氧量在4毫克/升以上，pH值中性为宜，避免阳光直射。水
温高于30℃时，要及时换水降温。应定时检测，每天早晚各
巡视一次，检查水温水质、光照、机械振荡、卵粒孵化状况、
敌害生物等，发现问题及时解决。石蛙雌蛙产卵后，人工一
般8～15天可以孵出小蝌蚪。根据石蛙人工孵化试验观察，
石蛙卵的动物极呈黑色，植物极呈白色。蛙卵在18℃水温下
孵化，第5天可见受精卵动物极黑点变长呈线状，第7天胚
胎呈条状，一端大、一端小，第8天胚胎明显显示头和尾，
蝌蚪成形，并且会晃动，第10天就有少许蝌蚪孵化出膜，第
13天有75%孵出，第15天全部孵出，孵化率达85.3%。

第四节　石蛙不同阶段的饲养管理

一、石蛙蝌蚪的培育

　　石蛙的蝌蚪对外界环境及敌害的适应能力和抵抗能力较
差，稍不注意，就会造成很大损失。小蝌蚪孵出后身体呈棕
黄色，体部长0.6～0.8厘米，尾长1厘米左右，呈鼓锤状，

通常吸附在池底和卵膜上，很少活动，也不觅食。3天后活动量增加，并开始觅食。

（1）放养密度　土池生态条件较差，水质易混浊，放养密度不宜过大，一般蝌蚪放养密度为：20日龄蝌蚪每方米350~500尾，30日龄200~300尾，或80日龄至变态之前的蝌蚪100~150尾。水泥池管理和水质条件较好，放养密度可比土池大1倍。蝌蚪培育期间应分级饲养，同一日龄蝌蚪按个体大小不同进行分级，每月1次，在分级过程中进行分群、组合，以同级个体适当的密度，进行分池饲养，以利于统一投饲管理。

（2）早期蝌蚪的培育　蝌蚪孵出3~6天内不觅食，依靠从卵黄中带来的营养维持生命，过早喂食反而导致其死亡。此时的蝌蚪游泳能力差，不宜转池，也不需要搅动池水。一般脱膜5~6天后蝌蚪的活动量明显增加，两鳃盖完全形成时开始觅食，可按每万尾蝌蚪投喂一个蛋黄标准定时投喂。在投喂蛋黄浆的同时，可隔天投喂人工培育的绿藻、硅藻等浮游生物。在水质管理上要求清新无污染，水温20~29℃，pH值为6~8。随着外界温度的变化，及时调整水的深度，一般以10~15厘米为好，每天换一次池水。光照以室内自然光或室外凉棚下漫射光即可，应避免阳光直接照射。

小蝌蚪10天以后，其食量增大，生长发育加快，蝌蚪开始寻找新的食物，但其消化功能仍然不强。饲养主要以营养丰富的糊汁饵料为主，如蛋黄、玉米粉、4号粉，并辅以细嫩藻类植物等。饵料投放时间白天或晚上均可，每天1次，但要定时。投饲量一般每1500尾蝌蚪每天投喂一个蛋黄。通过精心饲养，蝌蚪到 20 日龄时，体长可达 2 厘米，体色变为淡棕色，背部有乳白色的花纹，身体与尾部交界处有明显的黑色 "V" 字形花纹。10～20 日龄的蝌蚪在管理上要求保持池水清洁，做到每天换一次池水，水的深度以 10～20 厘米为宜，同时池水应避免太阳光直射。

生长中期（20 日龄后）的蝌蚪消化功能不断增强，为促进蝌蚪消化道的尽快发育，适应两栖类某一特定蝌蚪期 "食草性" 的生物特性，以投喂植物性饵料为主，如熟番茄、南瓜、米饭、豆浆、藻类、水生植物等。随着蝌蚪的长大，摄食能力增强，转入蝌蚪池后，投喂的饵料由麸皮 50%、玉米粉（细米）40%、青菜 10% 组成。用水调匀至含水量 70% 左右，蒸熟放凉后用手捏成小团后，投喂。管理上要注意保证池水清洁，不受污染，每天清除池内饵料残渣。饲养密度以每平方米 300～500 尾为宜，这样蝌蚪就能正常生长发育，到 50 日龄时，有些蝌蚪长出后脚。

（3）变态期蝌蚪的培育　生长后期（50～78 日龄）是蝌蚪转化为幼蛙的关键时期，在此期要长出后肢和前肢，由水生转化为水陆两栖。50 日龄左右，体长达 4 厘米以上，长出后肢，后肢长出后约 2 周（65 日龄）开始长前肢，前肢长出后，尾部开始被吸收，此时石蛙蝌蚪就停止觅食进入变态期。这一时期在饲养上除投饲足够的饲料外，还要添加少量的动物性的活饵饲料。在管理上要做到分级饲养，确保环境光线暗淡、幽静。池内既要有浅水，又要有湿润的沙质陆地（水陆比 4∶1），同时要放些水草或木板之类的漂浮物，使变态时的蝌蚪停在上面，露出水面呼吸和休息，而不能让其长时间潜在水中，并尽可能的防止惊动，使其有一个安静的环境。

蝌蚪培育的管理工作还需注意以下几点：①不喂腐败变质的饲料；②干料必须浸泡至不再膨胀后可投喂，避免蝌蚪食入后胀死；③要有青料（水草、青菜等）；④蝌蚪在变态过程中，由于尾部萎缩，水中的活动不够自如，游泳时易失去平衡，喜在浅水区或石上休息，水深会淹死，但其排粪又要靠游动帮助，这样又需安排水较深的区域（10 厘米左右），此阶段的环境应安排浅水（2 厘米）、深水（10 厘米）和无水 3 个区域，并在浅水区放置水草或石块；⑤变态期应喂青饲料及各种维生素，并加强光照，以加快其变态的速度。

二、幼蛙的饲养管理

（1）幼蛙的收集与放养　应及时收集已变态的幼蛙，放入幼蛙池饲养。一般夜幕降临、气温炎热时，幼蛙非常喜欢在水草或木板等漂浮物上栖息乘凉，此时可用纱布网制作的长柄捞网，连带水草一起捞上，集中于塑料箱中。刚变态幼蛙放养密度，一般每平方米 200～250 只，个体稍大时，可放养 100～150 只。幼蛙下池前，应剔除病伤和肢体不全的幼蛙，并用 2%～3% 食盐溶液或 10 毫克/升高锰酸钾溶液浸泡5～10 分钟。此外，同池放养的幼蛙，要求规格一致。

（2）投喂　在幼蛙入池的 12 天之内，要投喂幼蛙最喜欢吃的蚯蚓、黄粉虫、蝇蛆等体积小、蠕动又不快的小动物。一般每天投喂 2 种小动物或交替进行，但不要每天都更换新的小动物，以免幼蛙的胃肠难以适应。投饵量幼蛙总体重的

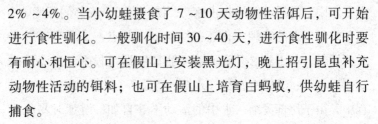

2%～4%。当小幼蛙摄食了7～10天动物性活饵后，可开始进行食性驯化。一般驯化时间30～40天，进行食性驯化时要有耐心和恒心。可在假山上安装黑光灯，晚上招引昆虫补充动物性活动的饵料；也可在假山上培育白蚂蚁，供幼蛙自行捕食。

（3）管理　要经常清除剩余饲料，捞出死蛙及腐烂的植物和杂物，防止水质变坏。水质变坏时，应加强流水或进行换水，或用药物消毒或泼洒微生态制剂。此外，还应该保持一定的水位（水深40～50厘米）和水温（18～30℃）。幼蛙自采食活饵改为索食死饵时，最易形成大小差异。投喂活饵时，只要充分供给饵料，大蛙吃小蛙的现象极少发生；改为吃死饵后，则大蛙吃小蛙的现象时有发生。所以要经常把大、小幼蛙筛选分养，以防损失。每次分池操作时，要做好蛙池、蛙体的消毒工作。及时巡查和经常检查围栏设施有无漏洞。消除通往池外的攀缘附着物，防止蛙外逃。清除敌害生物，防止蛇、鼠、猫、鸟的侵袭。作好防病和其他日常管理工作。

三、成蛙的饲养管理

幼蛙经1个月以上的饲养，体重达10克以上，这时应该转入成蛙池饲养。在成蛙饲养阶段，要挑选出发育快、身体健壮、体大活泼、摄食量大的成蛙，作为种蛙培育。其他成蛙饲养到150克时即可作为商品蛙上市出售。

（1）放养　放养前进行蛙池和蛙体消毒（方法同前）。如土他淤泥较厚，要清除部分底泥，再用生石灰或漂白粉消毒。放养密度可参考表7-2。

表7-2　石蛙放养密度

规格/克	25以下	25~50	50~100	100~150	150~250	250以上	成熟种蛙
密度/（只/平方米）	100~80	80~60	50~40	40~30	30~20	20~10	5~10

（2）投喂　由于捕捉和运输的干扰，刚转到成蛙池的最初几天会不摄食或减少摄食，这时可投喂石蛙喜食的小动物如蚯蚓、小鱼、蝇蛆等，以激发食欲。食欲恢复正常后，应尽早进行食物驯化，使其摄食人工配合饵料，并养成定点、定时的摄食习惯。每日投喂量随水温情况随时调整，水温在16~26℃时，日投喂量为蛙体重的5%~10%；水温低于16℃或高于26℃时，日投饵量为蛙体重的1%~3%；水温高于30℃或低于8℃时，停止投喂。每天黄昏投喂1次。适当增加饵料盘的数量，使每个蛙能在短时间抢食到饵料。饵料应以膨化的颗粒饵料为主，另外，在商品蛙将近上市的7天前，加喂鲜鱼肉、牛肝、蚕蛹等饲料，有明显的促长效果。可采取灯诱诱虫或利用昆虫嗅觉敏感性，在饵料台等位置盛有糖水等混合物或小杂鱼的小盆（盆口盖细铁丝网罩）聚集昆虫，以供蛙取食。

（3）管理　石蛙生活要求环境阴凉、潮湿，水源以清、凉、流水为宜，饲养石蛙平均需水量不大，但一定要有常年不枯的冷性水源为好。为保持水质新鲜，减少疾病发生，最好采用微流水长流水养殖。也可通过换水，使池水保持清新。夏天要求每3~4天换水1次，换去池水总量的1/3左右；冬天每5~6天换水1次，换出量为全池的1/4左右。如果气温太高，还要喷水降温。坚持每日巡查，要特别注意检查围网、围墙、进出水孔的铁丝网有无损破或漏洞，做到早发现早修补，防蛙外逃。其次，要细心观察商品蛙的动态，如果发现摄食活动减少，栖息不安，这都是蛙病及有敌害的先兆，应及早采取措施解决。最后，在巡查过程中发现池中有残食、残叶、枯枝、病蛙或死蛙等，应马上捞除。

第五节　石蛙越冬期的管理

一、蝌蚪

石蛙蝌蚪的耐寒能力较强，不但进入冬眠时间比幼蛙和成蛙迟，而且也能够耐受低温的袭击。在0℃以下的水中，只要底层不结冰，蝌蚪仍能在水中游动。但是，处于变态前的四肢都长出而尾部还未脱落的蝌蚪，对于寒冷抵抗力就较差，容易冻死。在越冬过程中，幼蛙的饲养管理难度大，加上冬眠前后幼蛙饲料脱节，因此，往往造成越冬期幼蛙的大批死亡。在生产上，常采取两种截然不同的措施：对早孵蝌蚪，常采取多投喂动物性饵料（占60%以上）、维持其适宜生长温度（23~28℃）和增大放养密度的方法，提早夏孵蝌蚪的变态时间，争取在冬眠前来得及增肥，以利于幼蛙的越冬。对于晚期的蝌蚪（秋产），则采取控制水温（25℃以下），多投植物性饲料（60%以上）和适当释放的方法，有意地延长变态时间，达到以蝌蚪形式越冬的目的，这样避免因晚期变态幼蛙体质太弱，难以经受越冬期恶劣环境，而导致大批死亡现象的发生。蝌蚪越冬期间要适当加深池水，防止池水下层结冰，一般池水保持在1米以上，流动水在80厘米以上；与此同时，可以成倍增加蝌蚪的密度。有条件的地方可用地下井水、温泉水、工业锅炉热火，使水温不低于10℃。当气温升至15℃时，可适当投喂饵料。另外，有条件的蛙场可建立温室，使室温不低于15℃，变冬眠为冬养。

二、成蛙

　　无论是幼蛙、成蛙还是种蛙，当水温低于12℃时，即进入冬眠状态。越冬期间主要做好以下3项工作：①越冬前1个月，加强营养，使蛙体积累足够的脂肪、蛋白质等，加强抗寒能力。②人工制造适于石蛙冬眠的场所。在蛙池内越冬，池底铺放沙石和少量淤泥，控制水深在1米以上，在池面上搭起棚架，盖上尼龙薄膜或稻草，阻挡冷风侵袭，提高水温，防止敌害入侵。但要经常加水、换水，保持水质清新和增加溶氧量，确保皮肤呼吸顺利进行。有条件的场家可建造温室，变冬眠为冬养。③冬眠期间注意检查，水温保持在15℃以上时，石蛙开始摄食，故可以投料。同时，应搞好卫生防疫工作，以减少病害的发生。

第八章 **虎纹蛙**

第一节　虎纹蛙品种与特性

一、分类与分布

　　虎纹蛙俗名田鸡、水鸡、中国牛蛙等，学名 *Hoploatrachus rugulosus*，是我国的大型食用蛙，在动物分类学上属两栖纲、无尾目、蛙科、虎纹蛙属，国内分布于河南、陕西、四川、云南、贵州、湖北、安徽、江苏、浙江、湖南、福建、台湾、广东、海南、广西壮族自治区等地。国外分布于印度、尼泊尔、锡金、孟加拉、斯里兰卡、泰国、印度尼西亚、菲律宾。虎纹蛙体重可达 250 克，肉味鲜美，经济价值高。野生的虎纹蛙属于国家二类保护动物，列入 CITES 附录（图 8 - 1）。

二、生活习性

　　虎纹蛙一般栖息在丘陵地带山脚下的水田、鱼塘、水坑或湖泽水域附近的草丛底下的洞之中，穴深约 30 厘米，晚上才出来活动。鸣声如犬吠。虎纹蛙非常敏感，略有响动，即迅速跳跃入深水塘中，由于腿发达，跳跃能力强。虎纹蛙畏

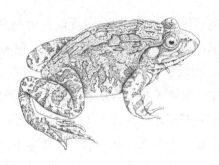

图 8 - 1　虎纹蛙 (♂)

强光，对光的反应敏感，常躲避强烈的阳光直射，昼伏夜出，但趋于弱光，平时喜欢栖息在温暖、食物丰富、有利于生长发育和繁殖的向阳环境。雄蛙还有领域行为，即使在密度较大的地方彼此间也有 10 米以上的距离，发现其他同类在领域中活动，便很快跳过去将入侵者赶走。虎纹蛙幼蛙和成蛙主要以动鞘翅目昆虫为食，约占食物总量的 36%，其他包括半翅目、鳞翅目、双翅目、膜翅目、同翅目的昆虫，蜘蛛、蚯蚓、多足类，以及动物尸体等，其他还常吃泽蛙、黑斑蛙等蛙类和小家鼠。人工驯化后，虎纹蛙可摄食配合饵料。目前，配合饵料已经成为虎纹蛙规模化养殖的主要饵料来源。虎纹蛙的繁殖期为 5~8 月，冬眠结束后，立即进行繁殖活动，在水中完成体外受精。虎纹蛙为多次产卵类型，每次产卵量的变化幅度较大，野外观察表明，小的卵团只有卵子 580 粒，而大的卵团则达 2 620 粒 (陈壁辉，1983)。在人工催产的情况下，最多可达 7 020 粒 (潘炯华，1990)。虎纹蛙卵的直径达 1.8 毫米，动物极棕色，植物极乳白色或淡黄色。蝌蚪长期生活在静水或稻田中，一般栖息在水底，主要吃浮游生物。

虎纹蛙是变温动物，气候和温度对虎纹蛙的栖息、摄食、生长和繁殖活动都有很大的影响。虎纹蛙生长繁殖的适宜温度为20～30℃，所以春秋两季是虎纹蛙生长发育最快的时期，同时，春季也是繁殖季节。当夏季气温超过30℃时，虎纹蛙的新陈代谢受到抑制，体表过于干燥而影响呼吸，活动和摄食明显减弱；超过35℃时，陆续死亡。秋末冬初，当气温降低到18℃以下时，虎纹蛙的食欲减退；降到12℃时，停止摄食，进入冬眠。

第二节　虎纹蛙种蛙选择的方法及注意事项

一、虎纹蛙的雌雄鉴别

性成熟后的虎纹蛙，雌雄可用一些特征分开来（表8-1）。

表8-1　虎纹蛙的雌雄鉴别

项目	雌蛙	雄蛙
体型	较大	较小
外声囊	无	有
婚垫	无	有

二、种蛙的选择

（1）具有虎纹蛙种的特征　虎纹蛙体形大；皮肤粗糙，背部有长短不一、排列不很规则的肤棱，一般断续成纵排列；

下颌前部有两个齿状骨突；趾间全蹼。

（2）体质形态　应选择体格健壮、体表光滑、皮肤富有黏液、生长发育良好、跳跃游泳活动能力强、无病无伤的个体。雌蛙体重达 150～200 克，腹部膨大、柔软且富有弹性。雄蛙体重达 120～180 克，鸣叫洪亮，咽喉部黑斑明显，灰色婚垫发达。

（3）年龄　以 2～3 龄的蛙为好。不足 2 龄的雌雄蛙虽能抱对，但往往不产卵，或产下的卵质量差，难以孵化。

（4）性别比例　选择种蛙时应注意雌雄蛙的比例。群体小时，雄、雄比例应为 1：1。群体较大时，则雌、雄比例可为（1.5～2）：1。因为同一群体的雌蛙不可能都在同一时期内产卵，而雄蛙排精后，在较短时期内又可产生大量的精子，所以适当减少雄蛙的比例，仍然可以获得正常的受精率。但如果进行人工授精，则应适当增加雌数量。

第三节　虎纹蛙的繁殖技术

一、种蛙的培育

秋季选留的种蛙，首先要雌雄分开饲养，选择好的种蛙先用2%的盐水浸泡 10 分钟，再采用适当稀养的办法（按 1～2 只/平方米的密度）放入经消毒过的蛙池中，进行强化培育。种蛙刚放养时，由于环境的改变而惊慌隐藏于洞中或草丛中，很少出来活动，稍有动静即潜入水中，3～5 天后才开始正常活动和摄食，这几天里要绝对保证种蛙池的安静，不得有任何外来的干扰。要定时、定量投喂充足而营养丰富的饵料。经 3 ~ 5 天适应后,坚持"四定"原则投放膨化颗粒饵料,日投量为种蛙体重的 5% ~ 10%,每天 1 ~ 2 次。产卵前 15 天搭配鲜活饲料喂养,蚯蚓、黄粉虫、鱼块等鲜活饲料占日投量 40% ~ 50%,并搭配适量维生素和微量元素,以提高体质与产卵率、孵化率。种蛙池水深应保持在 25 ~ 40 厘米,注意保持水质清新。水温在 18℃ 以下时,亲蛙进入冬眠不摄食状态,需要做好防寒保暖工作。培育期间要坚持每天巡塘,及时清扫饵料台或食物,保证合适的光线环境,防止夏季池水因阳光直射而温度过高,繁殖期间要尽量减少行人和车辆来往。

二、繁殖方式

虎纹蛙人工繁殖可分为自然繁殖和人工催产繁殖 2 种。

(1) 自然繁殖 4 月中旬左右,产卵池待水温稳定在 23℃ 左右,3 ~ 5 天后,用 60 目网过滤进水,调节好水质,保持水位 20 ~ 25 厘米,布入经消毒的石松草束或棕片为卵子附着物。种蛙提前用高锰酸钾消毒,下午 4 ~ 5 点将性成熟较好的种蛙放入产卵池中,一般在第 2 天上午 4 ~ 10 点产卵。翌日 10 点左右将种蛙与卵块分离,避免受精卵损失。虎纹蛙卵子受精后,胶膜也膨胀;但不像牛蛙、美国青蛙膨胀那样大,而卵粒本身的体积比牛蛙、美国青蛙的卵要大些,卵胶膜膨胀后也比它们的弹性要大。受精卵无胶带相连,成单粒或小片浮于水面,或附着于水草及其他物体上。卵的动物极呈黑褐色、植物极乳白色或淡黄色。受精卵的动物极总是朝向上方，植物极朝向下方，即使人为的翻转过来，静置数分钟后，又能自动恢复原来的位置。虎纹蛙产卵和排精结束后很快分开，进行摄食，而且由于饥饿而摄食量大大增加，这时要投喂足够的泥鳅、蚯蚓、小虾等营养丰富的小动物，精心饲养，使种蛙积累更多的营养，尽快恢复体力。另外，种蛙产卵后，体质较弱，抗病能力下降，所以要细心管理，饵料中添加维生素、微量元素以及蛙康，提高蛙体的免疫力，减少疾病的发生。

（2）人工催产　取成熟度好的种蛙，皮下注射催产素，雌蛙剂量为每 200 克注射 35～45 微克的促黄体释放激素（LRH-A）的和 400～500 单位的绒毛膜促性腺激素（HCG），雄蛙剂量减半。注射时从蛙尾杆骨一侧由后向前水平进针，进针 1.5～2 厘米，退针时轻轻按住注射部位，以免药液外溢。注射后，按 1∶1 比例将雌雄蛙放入产卵池，一般 10 小时发情产卵，每只雌蛙产卵数约为 1 000 粒。产卵后雌雄分开饲养。

三、产卵与采卵

自然条件下，每年 4～9 月，水温在 20～28℃时，是虎纹蛙的产卵盛期；7～8 月水温高于 30℃时，虎纹蛙一般不抱对，不产卵。生殖季节，当水温上升到 20℃时，雌雄蛙开始浮于水面鸣叫、追逐、抱对、产卵繁殖。产卵一般持续 10～20 分钟。虎纹蛙的抱对产卵要求外界环境安静，同时要特别做好消除敌害的工作，确保抱对、产卵以及排精顺利。在虎纹蛙繁殖季节，每天早晨巡池，发现卵块及时采集。采卵时间应在虎纹蛙产卵后的半小时后进行，这时受精卵外的卵膜已充分吸水膨胀，从水面上可以看到一片灰黑色的卵粒。过早采卵会干扰受精，降低受精率；而过迟采卵，则受精卵往往下沉死亡，同时还易受到天敌的吞食。采卵操作应在水中进行，采卵时要小心认真，先将卵块从附着的水草上剪下分离出来，紧接着用手轻轻将卵块、水草和水一起移入浅水脸盆、瓷盆、玻璃缸中，不能用网捞取，然后轻轻移入孵化器内孵化。把一只蛙或同一天产的卵，放在一个孵化池中孵化。这样，孵化的时间一样，便于同一天出池放养。

四、孵化

孵化前要先清刷消毒池及孵化用具，用 5% 漂白粉浸泡 0.5～1 小时，再用干净水冲洗后，注入清水，水深保持在 30 厘米。将洗净、除去烂根叶并用 0.03% 高锰酸钾溶液浸泡 10 分钟的水花生、凤眼莲、水浮莲等水生植物均匀地铺在水中，但不要露出水面，以支撑卵块，防止受精卵下沉。然后将采集的卵块轻轻滴放在水生植物上并浮于水面即可。用水泥孵化池或其他容器孵化，每平方米可放 6 000～8 000 粒卵；用网箱、网框孵化每平方米可放 10 000～15 000 粒卵。孵化期间，要保证孵化池中水质清新，溶氧在 6 毫克/升以上，水温保持在 20～30℃（最适水温为 25～28℃），pH 值为 6.8～7.8，盐度不超过 2‰。每天换水，采用微流水孵化，使水微微流动时不得冲动受精卵。整个孵化期内要做好防敌害工作，严防蛇、鼠和蛙入池或箱内吞吃受精卵。防止水中着生龙虱、剑水蚤等食卵水生动物，防止水禽等动物啄食蛙卵。夏天要防高温和阳光暴晒，孵化池上加盖遮阳棚，并防止暴雨冲击受精卵。

第四节　虎纹蛙不同阶段的饲养管理

一、蝌蚪的培育

（1）放养前的准备工作　蝌蚪放养前应做好蝌蚪池的消毒和蝌蚪池饵料中浮游生物的培育工作。土池应在放养前 7～10 天，先抽干池水，每 666.7 平方米用 75 千克生石灰或漂白粉 10～20 千克溶于水中后全池泼洒。水泥池应在放养前 3～5 天用清水洗刷干净，暴晒 2 天或用漂白粉消毒。经药物消毒的蝌蚪池一般在消毒 7～10 后待药物毒性消失后才能注水，用少量蝌蚪试养 1～2 天，如正常则可放养大批蝌蚪。放满水后，每 666.7 平方米施入 500 千克经堆积发酵而腐熟的畜禽粪、绿肥等基肥，培肥水质。

（2）蝌蚪的饲养　刚孵出 1～15 日龄的小蝌蚪体弱细小，不能马上转移到蝌蚪池，一般应留在孵化池中培育 15 天左右，才能转入蝌蚪池。刚孵出的蝌蚪静卧在池底或吸附在池壁和水草上，少活动，也不会摄食，以肠中未吸收完的卵黄作为营养物质，此时不需要投饵料，让它们安静地休息。在孵化池中经过 15 天的培育后再转入蝌蚪池饲养。蝌蚪 3～5

日龄后，可投喂轮虫、鸡蛋黄或蝌蚪专用粉状料，粉料撒于水中，6 天后改为投喂蝌蚪颗粒饵料。15 ~ 30 日龄的小蝌蚪可投放体积较大的粉状饲料，如豆渣、麦麸、米糠、豆浆、鱼粉、蚕蛹粉、蚯蚓粉、肉骨粉等。投料量要按蝌蚪的大小、气温、饲养密度、水质而灵活掌握，一般投料量为蝌蚪体重的 5% ~ 8%，每天早、晚各投喂 1 次。30 ~ 60 天的小蝌蚪后肢开始伸出，正处于发育变态的阶段，摄食量随身体的长大而增加，饲料应以动物性饵料为主，植物性饵料为辅（占 25%），此时蝌蚪可以吃粗粒状饲料，如蚯蚓、动物内脏，以及玉米粉、嫩叶。60 日龄以后的蝌蚪处于变态后期，蝌蚪伸出前肢后靠吸收尾部营养生活，可投喂少量动物性饵料，加添加剂，并可训食。

（3）蝌蚪的管理　①调整密度，分级饲养：蝌蚪放养密度一般为 500 ~ 1 000 尾/平方米，半个月后减为 300 ~ 500 尾/平方米，大蝌蚪 100 ~ 300 尾/平方米。虎纹蛙蝌蚪有大吃小的恶习，应特别注意将不同期、不同大小、强弱不等的蝌蚪分池放养，避免大吃小，又可做到同一池内蝌蚪均匀地生长。一般按生长发育变态的不同阶段分级饲养，进入蝌蚪池饲养后要进行 2 ~ 3 次分级饲养，第一次在 30 天前后，第二次 60 天后，60 天后再可以根据后肢的长短和前肢长出与否，进行分级饲养，这样可成批获得不同规格的幼蛙。②调节水质，控制水温：在日常管理中要及时清除残饵，更换池水或用微流水培育，保持水质清新，培育后期池水加深至 25 ~ 30 厘米。蝌蚪生长的最适水温 25 ~ 29℃，水温高于 30℃，摄食减少，活动能力下降，生长速度减慢。当水温达到 38℃以上时会导致死亡。平常要在换水的同时，调节池内水位的高低，早春气温低，应该灌浅水，以利升温，夏季气温高，则应该加深池水。在夏季高温季节，应做好下列防暑降温工作：一是加深水位，减少水温上升；二是每天晚上换新水，保持水质清新；三是加注井水，降低水温。四是池岸搭建凉棚，并在池中种养水生植物，减少阳光直射，防止水温升高，并给蝌蚪在阴凉处隐蔽栖息。③加强变态期管理：蝌蚪在前肢长出后，尾部收缩时，呼吸作用又因内鳃的退化而转为肺呼吸，所以这时它们不能长期潜入水中。因此，除了要保持安静的环境使其自然变态外，还要在池中放一些木板、塑料泡沫板等，以便刚变态幼蛙登陆，避免淹死在水中。5~6月底孵出的蝌蚪，要精心饲养，使其在秋末之前变态，以幼蛙形态越冬。④定时巡池：每天早、中、晚各巡池1次，观察蝌蚪的生长发育变态状况、水质变化、有无敌害，及时处理，减少或避免损失。如果巡池时发现蝌蚪在水中上下垂直活动，或者在水中吞食饵料，则属于正常现象。如果发现在水中游动不活跃，或是呆立在一边，则是蝌蚪患病的表现，应立即查明病因，积极防治。每天黎明，蝌蚪常浮在水面，如果日出后仍浮头，则表明水中缺氧、水质恶化，必须立即换水或开增氧机，增加水中的溶氧量。应注意有无蛇、鼠、蛙、鱼进入池内，发现后要马上驱逐或消灭，避免蝌蚪遭大量吞食。

（4）蝌蚪越冬　蝌蚪大多数在水下能安全越冬，为安全起见，在水温下降至12℃，蝌蚪少摄食、少活动之时，就应该增加50%~100%的密度，并加深水位至1米左右。水温在10℃以下时，可在蝌蚪池上搭建塑料棚，或覆盖稻草保温，保护蝌蚪安全越冬的效果很好。但在风和日暖的日子，打开棚盖，让池内通风透光，既可以增加水中溶氧量，又能提高水温。在整个越冬期内应防止蛇、鼠等敌害进入池中，吞食蝌蚪。有条件的地方，可用温室、温泉水等保温，使蝌蚪池水温达到18~20℃，以利蝌蚪正常生长发育和变态，变冬眠为冬养，继续投饵。但是，采用这些方法控温越冬时，池内水温要相对恒定，切忌温度变化无常，忽高忽低，致使蝌蚪难以适应，以致死亡。

二、幼蛙的饲养管理

（1）幼蛙的放养　放养前要对养殖场彻底清理、检查和消毒，并在幼蛙池内放适量经过消毒的水葫芦等水生植物以供幼蛙休息。放养的幼蛙应身体健壮、活泼、无病、无伤、规格整齐。对那些身体瘦弱、受损、个体太小的幼蛙则要集中一起，另行处理和精心培育。入池时用2%食盐水浸泡10分钟或20毫克/升高锰酸钾溶液浸洗10~20分钟，除去体表的病毒、病菌和寄生虫。放养密度根据幼蛙个体大小而异（表8-2）。饲养期间，为防止虎纹蛙因饥饿互相残食，每7~10天根据个体大小进行一次分级。

表8-2　幼蛙体重与放养密度

体重/克	5~20	20~50	50~100	100以上
放养密度/（只/平方米）	200~100	100~80	80~60	60以下

（2）投喂　虎纹蛙饵料来源广，可投喂鲜活饵料，如红

196

虫、蝇蛆、蚯蚓、小昆虫、小鱼虾等，也可投喂青蛙专用人工配合饵料。新鲜活饵料要无毒、新鲜、干净；人工配合饵料要无霉变，无异味。刚变态幼蛙用颗粒直径2.0毫米的幼蛙料，或者用经过消毒的蝇蛆作为幼蛙饲料；个体长至20～30克时，投喂颗粒直径3.0毫米的幼蛙料；个体长至30～50克，投喂颗粒直径3.5毫米的幼蛙料。每天投喂3次，早、中、晚各1次，日投喂量为蛙体重的5%～8%，把饲料投在饵料台上。投喂时，要注意随环境变化调整喂料，虎纹蛙暴风雨时不吃、干燥不吃等。

（3）日常管理 严格实行分级饲养。每天早、晚巡塘，发现问题及时处理，不得拖延。及时清除残食和杂物，及时更换池水，保持水质清新。虎纹蛙生长最适水温为23～30℃。在炎热夏季，必须勤换水，一般每隔2～3天换水1次，每次换5厘米左右的水量，增加池水深度，改善通风条件，加盖遮阳网。池水水色一般保持浅绿色或浅灰色，pH值为7～8。每隔7～10天用生石灰20克/立方米、漂白粉1～2克/立方米、0.04%食盐水消毒蛙池，预防蛙病发生。采取有效措施，确保幼蛙安全越冬，可采用温室或塑料大棚过冬，里面温度保持在18～20℃。

三、成蛙的饲养技术

目前，虎纹蛙成蛙养殖方式主要有池塘单养、稻田养殖和虎纹蛙鱼林生态养殖等。

（1）池塘单养 池塘水泥池和土池均可，面积以300～

500 平方米为好，池深为 1.2 米，并保持水位在 0.3~0.5 米，池上方要覆盖遮阳网，覆盖面积为池塘总面积的 1/3。土池要设置 1.2 米高的防逃设施，水面上设置多个饵料台和休息台。放养前成蛙池必须用生石灰或漂白粉进行消毒，待毒性消失后才放蛙入池。放前要将蛙用 2% 盐水浸泡 10 分钟。一般 50 克的幼蛙可以作为商品蛙饲养，放养密度一般土池在 40~50 只/平方米、水泥池 80~100 只/平方米。由于加大了放养密度，蛙的摄食量又大。因此，每天投喂的饲料一定要保证量足。随着个体生长，全价颗粒饵料逐步加大直径，个体体重 50~100 克时为 4 毫米；个体体重 100 克以上时为 5 毫米。日投喂 2 次，投喂量为蛙体总重的 3%~5%。要及时更换池水，保持水质清新，一般每隔 1~2 天换水 1 次，及时清除残食和杂物，以免蛙吃了变质的饲料而发病。每天坚持早、晚两次巡塘，观察蛙的活动、栖息和摄食情况，水质变化等，发现问题及时处理。巡查时特别要认真检查防逃措施有无漏洞，要及早消除隐患，及时制止外逃。夏季天气炎热，要采取遮阳降温措施。如搭棚遮阳，陆地喷水等。越冬的蛙池应加深 1 米，并在池底保证有足够的淤泥，让其钻入泥底安全越冬。

（2）稻田养殖 利用稻田养殖虎纹蛙，水稻害虫可作为虎纹蛙的活性饵料，蛙粪可肥田，可以减少甚至不使用农药化肥，生产出接近绿色食品的稻米、虎纹蛙，既减少了环境污染，降低了生产成本，又提高了经济效益。与单一种植水稻相比，稻田养虎纹蛙经济效益明显提高。养蛙稻田要求排、灌水方便、水源充足、保水力强、水质不受污染而肥力偏差的稻田，田埂坚固，不易被水冲垮，能保持水深 10~15 厘米。在稻田四周沿田埂用尼龙纱窗或铁丝网围成 1 米高的围栏；进、出水口处用尼龙纱窗或钢丝网作成防逃闸，防逃闸和围栏都要坚固；稻田中开挖呈"田"或"曰"字形的蛙保护沟，沟宽 50～60 厘米，水深 20～30 厘米，沟占总面积的20% 左有。稻田养殖虎纹蛙以单季稻田为主，单块面积不要超过 1 000 平方米。水稻要选择种植耐肥、抗倒的优质品种。秧苗返青 15 天后，每 1 000 平方米放养 15 克左右的幼蛙3 000～4 000 尾。幼蛙放养前用 10 毫克/升高锰酸钾溶液或3% 的食盐溶液浸浴 10 分钟。投喂全价配合颗粒饲料，日常理重点抓好防逃和防白鹭工作，农药应选用对虎纹蛙高效低毒的安全性高的农药。

（3）鱼林生态养殖　鱼林生态养殖是在池塘单养虎纹蛙的基础上沿塘埂内侧四周筑上宽、底宽、高各为 0.4 米、0.6米和 0.6 米的梯形小塘埂，植树季节在小塘埂上种植欧美杨等速生林，株距 1 米，每 666.7 平方米种植 60 株左右。小塘埂为虎纹蛙的摄食和休息场所，虎纹蛙不仅可以吃掉速生林掉下来危害树木的害虫，蛙粪还可肥树，鱼净化水质，树起到遮阳的作用。5 年后速生林可成林。

（第九章） **食用蛙的病害防治**

第一节　食用蛙疾病发生的原因

　　食用蛙在野外自然条件下，虽然环境条件恶劣，经常处于日晒雨淋、阴暗潮湿的环境中，但较少生病。这是因为蛙有一系列抵御疾病的机制，其湿润的皮肤分泌多种杀菌酶，这些杀菌酶甚至具有抗生素无法比拟的作用；其机体内具有免疫系统，能杀灭进入体内的各类病菌。但是，食用蛙的抗病能力有限度，当环境条件（如水质）恶化导致机体衰弱、受伤、抗病力减弱时，蛙也会感染各种疾病。诱发食用蛙疾病发生的原因主要有两个方面：一是内因，即机体，主要表现在机体营养不良，抗病能力差，对环境适应能力不强。食用蛙的体重、体质、年龄都和疾病的发生密切相关。一般刚变态的幼蛙和年龄大的种蛙发病率较高，而青壮年蛙发病率较低。蝌蚪个体小、抵抗力差，发病率高；在高温条件下孵化出来的蝌蚪体质先天不足，畸形比例高，容易发病。二是外因，即环境和病原体。恶劣环境有利于病原体繁殖，不利于蛙的生存，使机体抵抗力下降，这时更容易发病。具体地讲，放养密度过大、水质太肥或受污染、水温过高或过低、投饵不科学、食用蛙抵抗力差时易发病。清池消毒不彻底，水源未经消毒，带进病原体或使病原体大量繁殖，都可引发蛙病。此外，低（高）温、外伤、饵料单一等也可导致蛙病。

第二节　食用蛙疾病的预防

在蛙病预防工作中，应坚持"无病早防、有病早治"的原则，一方面要有针对性地加强科学饲养管理，改善食用蛙的生存条件，保护蛙免受伤害，培育健壮的机体，抵抗病原体的危害；另一方面，要阻止病原体进入和抑制病原体繁殖，减少对食用蛙的侵袭。

一、创造优良的生活环境

食用蛙养殖场的水源要无污染，符合国家淡水养殖的标准。被污染的水会损害食用蛙的健康，水体传染疾病很快。途经其他养殖场（池）的水，随时都可能带有病菌，可能具有传染性而危害其他的蛙。因此，养殖池之间要水系配套，进出水要分开，不能引用循环的水，否则会导致蛙病的迅速传播。土质要没有污染，空气要新鲜，附近没有工厂污染气体的排放，没有过强的噪声；周围植被覆盖要好，要有大量的昆虫滋生；养殖场要选在春、秋季没有强风，夏季不低洼易涝之地。要经常检查水质、水温及空气湿度、温度等，并采取有效措施保证符合蝌蚪和蛙生长发育和繁殖所要求的各种条件，夏季要定期清扫粪便，喷洒环境改良剂益生菌。平时发现问题，要及早解决。

二、加强饲养管理,增强食用蛙抗病力

(1) 合理放养　放养时做到分级分池,使每个养殖池内蝌蚪或蛙个体大小规格一致,并且放养密度适当。这样可使其生长发育整齐,减少因出现弱小个体而发病的可能。

(2) 科学投饵　在整个养殖过程中,提供品种多样、营养丰富、清洁卫生的饵料。投饵量应适当,根据食用蛙的大小、数量、温度等情况灵活掌握。投饵坚持"四看"、"五定"原则,使蝌蚪和蛙养成定时进食、定点摄食的好习惯,同时防止蝌蚪和成蛙贪食而造成"伤食"影响健康。随时清洗饵料台,清除残余饵料。在饲养过程中,要细心观察蝌蚪的变态、蛙的生长及种蛙繁殖情况,并依此进行饵料配方的适当调整。

(3) 小心操作　在捕捉、运输等操作过程中,要谨慎小心,避免蛙体受伤,受伤后要及时用药浴消毒。此外,蛙池的墙面和池底要求光滑,避免擦伤蛙的体表。勤巡塘、勤检查,尽早发现病害并及时采取防治措施。

(4) 降低应激反应　食用蛙应激过于强烈或持续时间过长,机体抵抗力降低,易引起疾病的感染甚至暴发。因此,在养殖过程中或养殖系统中,应积极创造条件降低食用蛙应激。

三、控制和消灭病原体

(1) 严格检疫　检疫是防止疾病传入的首要措施。蝌蚪

或种蛙从外地引进，应采取多种方法诊断。如发现食用蛙在体色、体表完整性、摄食、活动、精神状态等方面有异常表现或明显病态，应严禁引入。

（2）定期消毒 病原体的存在是食用蛙发病的直接原因，而消毒是控制和杀死病原体的有效方法。在放养期间，养殖池需要清除池内的杂草、垃圾、石块、池周附生物等，消毒可用漂白粉和生石灰等，待药性消失后，再放养蝌蚪或蛙。在放养前及分池时都应该对蛙体消毒，以后每隔一定时期消毒一次。消毒前应认真做好病原体检查。蛙体消毒一般用浸泡法或喷洒法，常用药物有：漂白粉、硫酸铜、高锰酸钾、庆大霉素等。消毒时间长短，还应根据当时温度、湿度、水温及蝌蚪、蛙的承受能力灵活掌握。蛙或蝌蚪食用带有病原体的饵料往往会诱发疾病，同时也会将病原体带入养殖区，成为新的传染源；即使暂时不发病，一旦时机成熟，病原菌就会大量繁殖诱发疾病。对蝇蛆的消毒一般先彻底清洗其表面的有机物和污物，再用高锰酸钾或其他消毒剂消毒。对蝇蛆的消毒时间及浓度要足够，并防止二次污染。饲养用具亦要经常清洗，并用漂白粉、高锰酸钾等溶液消毒，用清水洗净后使用。

第三节 食用蛙常见疾病的防治

一、卵与蝌蚪的病害防治

（1）水霉病 水霉病又称白毛病、肤霉病。卵、蝌蚪、幼蛙、成蛙均可发病。

【病原病因】长期不更换池水，污染水霉菌。而机体本身外表损伤也是一个重要原因。水温18℃左右最适合水霉菌生长繁殖。

【症状】感染水霉菌时，感染部位有大量白色或灰白色的棉絮状物（霉菌菌丝体），并由感染部位向四周扩散。蛙卵感染时严重影响其孵化与存活，孵化率严重下降。蝌蚪和成蛙、游泳异常，游动迟缓，焦躁不安，食欲减退，觅食困难，瘦弱。

【防治】在捕捞运输时要格外小心，尽量避免使蛙体受伤。日常管理中注意保持养殖池、孵化池清洁卫生，防治霉菌污染。孵化时，特别是在初期光照要足；如遇寒潮来临或阴雨天，可将卵装入水盆，在室内用白炽灯照射孵化。对患病蝌蚪和成蛙，用5%盐水清洗局部，或用1%甲紫药水涂抹局部；蝌蚪可用20毫克/升的高锰酸钾溶液消毒30分钟，经72小时可治愈。被霉菌污染或发生过霉菌病的水体可用石灰水或高锰酸钾稀释溶液清池消毒。

（2）沉水卵

【病原病因】卵沉入水底，阳光照射不足，致使孵化率下降。

【症状】卵沉降于水底。表面沾满灰尘及杂质，使蛙卵沉于水底。严重影响蛙卵的孵化率。

【防治】保持孵化池池水清洁，使卵块浮于水面，避免水流过速，盖上塑料布防止灰尘落入池中。

（3）车轮虫病

【病原病因】由原生动物门纤毛纲的单细胞动物车轮虫

（图9-1）寄生于蝌蚪的体表和鳃部组织而引起本病。本病流行于4~8月，以5~8月最为流行，适宜水温为18~28℃。常发生于放养密度过高，饵料供应不足的养殖场，主要危害蝌蚪。当放养密度过高，水质恶化时，极易导致该病发生。

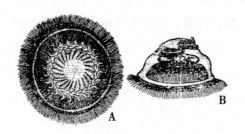

图9-1　车轮虫

A. 虫体的反口面观　B. 虫体的侧面观

【症状】患病蝌蚪尾部黏膜发白，并深入组织；严重时蝌蚪尾部被腐蚀，游动缓慢，滞呆于水面而死亡。在显微镜下可观察到患病蝌蚪全身布满车轮虫。

【防治】保持水质清洁卫生，适时分池放养，保持合理养殖密度。4~6月，水温在20~25℃时，要注意此病发生，做到定时换水，保持水质清新。饲养过程中定期用硫酸铜消毒（1.0毫克/升），蝌蚪入池前以30毫克/升高锰酸钾浸泡。发病初期，可用硫酸铜与硫酸亚铁合剂（5∶2）按0.7毫克/立方米浓度全池泼洒。蝌蚪对福尔马林敏感，在防治蝌蚪在车轮虫病时，应避免使用。

（4）气泡病

【病原病因】养殖池底质有机物含量过高，在高温时节发酵冒泡，蝌蚪误食过多的气泡，或气泡附着在蝌蚪的体表后，使之在水中不能平衡。因该病由水质环境恶化引起，故无传染性，主要影响小蝌蚪，发病率低，也很少引起大量死亡。

【症状】最初蝌蚪感到不舒服，在水面作混乱无力游动；不久蝌蚪体表及体内出现气泡，当气泡不大时，蝌蚪还能反抗其浮力而向下游动，但身体已失去平衡，尾向上、头向下，时游时停，随着气泡的增大及体力的消耗，蝌蚪失去自由游动能力而浮在水面，不久即死。解剖及用显微镜检查，可见鳃、皮肤及内脏的血管内或肠内含有大量气泡，引起阻塞而死。

【防治】为预防本病放养蝌蚪前清淤，定期换水，保持水质清新，定期用20毫克/升生石灰对水体消毒。投喂干粉饲料，要充分浸泡透湿。发现本病时及时加注新水，可有效防止病情的进一步发展。

（5）弯体病

【病原病因】主要是新辟的养殖池，水中富含重金属盐类，危害蝌蚪神经与肌肉。或缺钙和维生素等营养物导致蝌蚪神经肌肉活动异常，产生"S"形弯体病。

【症状】蝌蚪身体出现"S"形弯曲，僵硬病态。严重时引起死亡。

【防治】经常换水改善水质，消除重金属盐类。补充富含钙和维生素的饵料。

（6）纤毛虫病

【病原病因】病原为舌杯虫及其他纤毛虫类。因放养密度过高，管理粗糙，水质恶化而引起。该病常发于春夏交接时节，当水质水温适宜时，可暴发，危害对象为蝌蚪，尤以 4 厘米以下的小蝌蚪为多见，死亡率高。

【症状】患病蝌蚪游动缓慢，浮于水面，肉眼可见其体表及尾部长满毛状物，形似水霉，故易误诊为水霉病。镜检可见舌杯虫口部一张一合。最后蝌蚪停食而亡。

【防治】参见车轮虫病。

二、变态期幼蛙主要疾病

（1）溺死症

【病原病因】变态后幼蛙体质过弱或变态池设计不合理，致使变态后幼蛙不能及时上岸，在水中挣扎，最后因体力消耗过大而淹死在水中。

【症状】在变态池发现大量死亡幼蛙，死亡幼蛙蛙体变白，四肢伸展僵硬，腹部朝上。

【防治】变态池四周坡度应由水中缓慢过渡到岸边，以便于变态幼蛙登陆。加强蝌蚪期的饲养管理，确保变态后幼蛙体质强健。变态期在变态池周围及中央放置一些树叶、杂草，供变态幼蛙攀扶休息，并适时降低池水深度。

（2）饿死

【病原病因】变态后幼蛙上岸后 2 周内不能及时吃到食物而逐渐饥饿致死。

【症状】在隐蔽物下发现大量死蛙，蛙体尾部吸收良好，头大，腹部干瘪，四肢瘦弱，伏地而死。

【防治】加强蝌蚪期的饲养管理，培育体质健壮的幼蛙。

地面设置的隐蔽物不要过多，保持环境的安静，及时投喂大小适宜、足量的饵料昆虫，确保变态后幼蛙能及时获得充足的食物。

三、幼蛙与成蛙主要疾病的防治

（1）肠胃炎

【病原病因】肠型点状气单胞菌是其主要病原。饲养管理不当，时饱时饥；池水不够清洁，牛蛙吞食腐败变质的饲料，是诱发本病的主要原因。

【症状】病蛙体虚乏力，行动迟缓，食欲消失，缩头弓背，解剖可见病体肠内少食或无食，多黏液，肠胃内壁有炎症。此病常与"红腿病"并发，从蝌蚪到成蛙均有此病发生，发病季节为每年的5~9月份，病蛙因厌食和无力摄食而死亡，若不及时采取措施，可引起大批死亡。

【防治】要定期换水，保持水质清新；不投喂腐烂变质的饲料；注意饵料台的清洁卫生，投喂后要及时清洗饵料台，清除残饵，并定期用漂白粉消毒。发病后池水用0.3~0.5毫克/升三氯异氰尿酸或2毫克/升"蛙消安"消毒，一天一次；在饲料中加入磺胺类药物，按每千克蛙体重0.2克添加，第2~6天减半。

（2）红腿病（出血性败血症）

【病原病因】病原为嗜水气单胞菌。该细菌在水体广泛存在，当蛙的养殖密度过高或皮肤受伤时，会因其侵入而导致红腿病。此病好发于成蛙，幼蛙也时有发生，但相对较少。

发病季节为 4 ~ 10 月份，以 7 ~ 9 月份为高峰。当水质较差，密度过高时，极易发生本病。

【症状】主要表现为后肢红肿，皮下出血，严重时后腿肌肉充血呈紫色，且全身肌肉充血。病蛙行动迟缓，厌食。本病有时呈暴发性，蛙受病菌感染后，因厌食或败血而死亡，危害较为严重。

【防治】为预防本病，需注意保持水质清新，及时清除残饵，控制放养密度，避免相互挤擦受伤，发病季节定期对水体消毒。发生本病时用 0.3 ~ 0.5 毫克/升三氯异氰尿酸或 1.0 毫克/升漂白粉消毒，同时在蛙饵料中拌入药物（可选用复方新诺明、氟哌酸等）。病蛙用 3% ~ 5% 食盐水溶液浸泡 20 ~ 30 分钟，效果良好。

（3）腐皮病

【病原病因】主要是饲料单一，缺乏某种维生素，皮肤破溃后感染细菌所引起。本病的死亡率高达 90% 以上。

【症状】病蛙头部皮肤溃烂，呈灰色，表皮脱落、腐烂，脚面溃烂，关节肿大、发炎，皮下、腹下充水，取食减少，重则不动不食，有时伴有烂眼症状。

【防治】定期换水，保持池水清洁卫生，经常用生石灰、漂白粉等消毒剂消毒食台和幼蛙聚集处。保持合理放养密度，同池蛙的规格大小相近。尽量保证饵料多样、营养全面、新鲜，并富含维生素 A、维生素 B、维生素 C 和维生素 D。患病初期，可在饲料中添加适量鱼肝油，病情严重时还应全池泼洒漂白粉，并同时加服抗菌药物，维生素 C、维生素 B_6 等，效果良好。

（4）脱肛病

【病原病因】病因目前尚不明了。疑与蛙的体质下降及消化系统疾病有关。发病的主要对象是成蛙，幼蛙及小蛙极少发病。

【症状】该病的明显症状是病蛙的直肠露出肛门外 1～2 厘米，蛙体质消瘦。如不及时治疗，常因直肠长时间露出体外而引发细菌感染，导致体质消瘦，逐渐死亡。

【防治】加强饲养管理，提高蛙的体质，尤其是在幼蛙培育期间，多投些适口饵料，保持营养平衡。一旦发病，可将病蛙捕出，用30毫克/升聚维酮碘（PVP-Ⅰ）溶液清洗外露之直肠进行消毒，消毒后将直肠塞回体内即可。

（5）厌食病

【病原病因】主要是因为频繁受到惊扰，换池，长期投喂单一饵料所引起。本病多发生于幼蛙和成蛙，发病率和死亡率均较低。

【症状】病蛙较少进食或停食，蛙体消瘦，生长速率极低，严重影响蛙的生长发育。

【防治】确保养殖场环境安静，不随意下池捕捉；消毒、清除残饵等操作时，尽量不惊扰蛙。食用蛙最好自始至终养殖在其熟悉的环境中；投喂饵料多样化。病蛙出现厌食现象时，可投喂其喜欢的活动性较强的饵料，诱其捕食，消除厌食情绪。

（6）爱德华氏菌病

【病原病因】病原菌是迟缓爱德华氏菌野生型。在饲养过程中环境变化过大，蛙的应激反应过大时易发生此病。传染性较强，主要危害变态后的蛙，以成蛙较多。整个生长期内均会发生此病，以秋季多发，发病后死亡率较高。

【症状】腹部膨胀，皮肤充血或点状出血；剖检可见腹腔内有较多腹水，肝肾肿大、充血或出血坏死。

【防治】在饲养过程中应尽量避免给蛙过度的刺激，尤其要保持水质的稳定性，定期进行水体消毒。发生本病时用三氯异氰尿酸0.3～0.5毫克/升消毒水体，第二天用2毫克/升土霉素全池泼洒；在饲料中拌入甲砜霉素，每千克蛙每天30～50毫克，连用5～7天。

第四节 食用蛙的常见敌害的防治

一、藻类

【危害】青泥苔、微囊藻、水网藻和甲藻等杂藻及孢子随灌水或投放水草和天然饵料时被带进池中。每年春季，各类藻类的孢子萌发成像头发丝似的藻类，占据养殖池空间，吸收水中营养，使池水变清，影响生物饵料的繁殖，严重影响蝌蚪的生长。蝌蚪一旦游入其中，常被藻丝缠住，蝌蚪会因无力挣脱而死亡。在繁殖盛期，蝌蚪身上都长满了藻丝，严重影响其生长。水网藻的危害比青泥苔严重，甲藻危害中等。蝌蚪吞食甲藻后会中毒死亡。

【防治】蝌蚪放养前，每平方米池塘用生石灰50～100克，划水全池泼洒可杀灭青泥苔和水网藻，或草木灰撒在青泥苔和水网藻上。当养殖池中出现甲藻时，用0.7毫克

/升硫酸铜溶液全池泼洒，能杀灭甲藻。已放养蝌蚪的塘或池，可用硫酸铜溶液全池泼洒，能有效杀灭青泥苔和水网藻。

二、龙虱

【危害】龙虱为鞘翅目昆虫，其幼虫又名水蜈蚣、水夹子（图9-2）。龙虱成虫和幼虫均系肉食性，成虫白天栖息于水边捕食蝌蚪，晚间可飞到其他池。水蜈蚣比成虫凶猛贪食，一条水蜈蚣一晚可吃掉6~10尾4厘米长的蝌蚪，尤以2~3厘米的蝌蚪受害最重。蝌蚪饲养季节正是水蜈蚣繁殖盛季，其危害甚为严重。

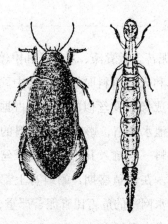

图9-2 龙虱

（左侧：成虫；右侧：幼虫——水蜈蚣）

【防治】蝌蚪放养前，每平方米用生石灰50~100克，化水后进行全池泼洒清塘消毒，可以杀灭水蜈蚣；养殖池注水时，要用密网过滤，防止龙虱随水进入。一旦发现养殖池中有水蜈蚣，可用网捞起杀死，也可用少量煤油遍洒杀死水蜈蚣。

三、红娘华

【危害】红娘华又称水蝎，体长约30～40毫米，身体扁而狭长。通常呈黄褐色，头小有复眼一对，口吻锐利，口器吮吸式；前足发达加镰刀状，中足与后足细长行动缓慢。其相似种还有蝎蝽、螳蝽、小螳蝽等。红娘华在我国分布很广，常隐存在水草丛中，以突然捕捉食物。主要危害小蝌蚪。

【防治】与龙虱相同。

四、蚂蟥

【危害】蚂蟥又称水蛭，属环节动物门蛭纲。蚂蟥寄生于蝌蚪及幼蛙体表，汲取蝌蚪和蛙的血液，影响其生长发育，且损伤皮肤易感染其他病原而发病，严重时可使其死亡。

【防治】目前尚无既能杀死蚂蟥又能保存蝌蚪和蛙的有效方法。主要防治方法是保持水质清洁，定期用生石灰全池泼洒。

五、蛇

【危害】蛇部分时间在水中生活，捕食蛙及蝌蚪，危害较为严重。有些蛇类在陆地上捕食幼蛙。

【防治】应将养殖场四周的蛇洞堵死，一旦发现即将其杀死或驱赶。

第十章　养殖场筹建的成本核算及预计收益

第一节　建场的前期投入

一、市场调研与可行性分析投资

近些年来，媒体上各种特种养殖的信息越来越多，受其影响，越来越多的人开始从事特种养殖。虽然现在对食用蛙养殖有了进一步的研究，但在生产过程中仍存在着一定的困难和问题，具体表现在 4 个方面：一是品种的评定标准不明确，市场不规范，炒种倒种现象严重，影响食用蛙养殖业的正常发展。二是所做的研究工作相对较少，品种选育、繁殖、饲料加工、养殖场设计与规划、环境控制等养殖技术的水平相对较低，一些种类尚不具备集约化生产的技术条件。三是食用蛙的产品加工相对落后，产品规格化程度低，销售渠道不畅，常因产品无法转化，造成价格暴跌，挫伤养殖户的积极性。四是缺乏正确的宣传和引导，过分夸大食用蛙的养殖效益，常出现一哄而上、一哄而下的局面，生产的稳定性差。对此，投资者需保持头脑清醒，吃透相关细节，科学、全面地认识包括食用蛙在内特种养殖业。因此，食用蛙养殖者在引种前，要做好市场调查，有目的、有计划、有系统地收集和分析本地及周围市场的情况，取得近期的经济信息，并预测远期的市场需求。此一项投资决不能节省。

二、智力投资

食用蛙养殖在我国是一项新兴的产业，大部分人知之甚少，关于这方面的科技研究还不是很深入、系统。未有像养猪、养鸡那样的成熟、成套的技术。初养者在引种前要尽可能地多收集有关食用蛙养殖的技术资料。通过各种方式，了解食用蛙的品种、外部形态特征、雌雄鉴别方法等，要明确健康、高产个体的鉴定标准，以便建立稳定的优质种群；要掌握食用蛙特性，如其栖息环境、食性、繁殖特性等；要根据食用蛙的习性要求，提供相应的饲养条件，如养殖场设计、饵料配制、繁殖方法等；要根据食用蛙的生物学特性，确定引种时间和运输方式；要了解食用蛙常见疫病及检疫方法，避免引进带病或带毒个体。同时，可找到信誉度高的养殖成功者，现场学习、实习，以掌握食用蛙养殖各环节的关键技术。

三、办理相关手续的投资

一些食用蛙类，如虎纹蛙、中国林蛙等是野生动物，受法律保护，养殖这些食用蛙不同于饲养普通家畜。驯化和饲养及销售必须到林业部门办理养殖销售许可证，获得许可后，才可建造养殖场，购进种蛙进行生产。

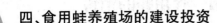

四、食用蛙养殖场的建设投资

食用蛙养殖场建设较为简单，其建场所需费用主要是围墙、防御屏障的投入。

五、种源投资

不同品种的食用蛙在其进化过程中形成了与其栖息地相适应的形态生理特征。一般情况下，为使购买的种蛙成活率高，除育种需要到外地引进种蛙外，应就近引种。不同种类、不同地区、不同质量的食用蛙售价差异较大，对大型养殖场而言，引种是一项比较大的投资。

六、饵料投资

小型食用蛙养殖场，其饵料消耗少，诱集昆虫基本能解决问题。而大型食用蛙养殖场必须培育活体动物性饵料，如黄粉虫、蝇蛆、蚯蚓等，并需准备人工配合饵料和喂蝌蚪的蛋黄浆、豆浆等。

七、其他支出

包括水电、运输、土地税、房屋修建、工具及机械设备的投资。

第二节 食用蛙的销售

一、食用蛙销售市场的波动规律

　　食用蛙经营者必须明白：市场决定养殖场的命运。养殖场要获得经济效益，必须认识市场、了解市场、分析市场、适应市场。所以，养蛙场生产经营者必须对市场有较深刻的认识。由于市场因素，养蛙业具有较大的波动性，是一个风险较高的行业。影响食用蛙市场波动的主要因素有居民消费水平、蛙种本身、其他水产价格、重大疾病、自然灾害等。随着生活水平的提高，我国人民对优质水产的需求量越来越大，国内优质水产品供不应求的局面还将继续延续。在以后相当长的时期内，生产高品质蛙产品将是水产业的热点之一。食用蛙生产受蛙肉或商品蛙价格的影响。一般情况下，如果蛙肉或商品蛙的市场价格高，生产者和经营者就愿意向市场提供更多的蛙肉或商品蛙产品。反之，如果价格下降，供给量就会减少。实践表明，当某一时期蛙肉或商品蛙的批发价格发生变动时，就会影响种蛙价格；随着种蛙价格的变动，又影响到种蛙数量；随着繁殖种蛙数的变动，又影响商品蛙生产只数，又影响到蛙肉上市的数量，影响到蛙肉的供给量，继而又影响到蛙肉的批发价格。在食用蛙生产过程中，饵料成本占食用蛙养殖成本的60%以上，其价格高低直接影响到食用蛙生产。疾病一直威胁食用蛙生产的健康发展，国际上对一些影响较大的疾病有严格的要求，如某地出现一些疾病，则必须大面积封锁，宰杀，造成市场供应短缺或人们不愿消费的情况。此外，养蛙技术水平的高低，以及与市场相关的畜、禽、水产品的价格，也影响蛙产品市场供给量和价格。如禽肉、蛋和鱼的产量增加快而多，价格又低廉，从而影响到商品蛙和蛙肉产品的价格下滑；反之，则商品蛙及蛙肉价格上扬。市场波动与食用蛙养殖效益的关系密切，掌握市场波动规律需要进行市场预测，只有在此基础上才能把握养蛙场起步的机遇。在市场波动规律中，在别人宰杀种蛙时，筹建养殖场或大量购买种蛙扩大生产规模，不但种蛙种源不紧张，而且价格较低，往往在不久的时间内就能内赶上好的行情。市场波动对食用蛙养殖效益的影响是双向的，即可能赚钱也可能赔钱，但赚与赔的数额差异较大，许多养殖者对这一点认识不足。在养殖生产处于赚钱阶段时，吸引不少人起步养食用蛙或扩大规模等。因而需要大量种蛙，许多不能作种的都作了种蛙。但考虑到种蛙的繁殖性能，发展到过剩需要 2～4 年时间，甚至更长，而当食用蛙生产处于收益持平阶段时，甚至赚钱少时，有的人又改行了。在赔钱时，又有人大量宰杀种蛙因而商品蛙下降的速度要比上升的速度快得多，这种速度差异使得赚钱与赔钱数额上有较大差异。食用蛙养殖是持久性行业，所以说："久则发"、"坚持就是胜利"，其根本原因在于赚的比赔的多得多。

二、食用蛙的营销策略

目前，市场上肉制品的种类多，品牌多，消费者购买时选择的空间大。食用蛙生产企业面对当今激烈的市场竞争，在产品策略上应正确定位，积极开发多样创新型产品；在价格策略上，根据本单位的蛙制品营销目标，即以优质安全的商品蛙来推动国内蛙制品的发展，建立知名品牌；因此，蛙产品的定价在追求合理利润的同时，更应该提高产品的美誉度，价格应定位于中高档水平；在渠道策略上，在以超市、农贸市场及餐饮为主的销售渠道的基础上积极开拓农村市场、专卖店；在促销策略上，要突出产品"安全、优质、风味独特"的特点，加大在媒体上的广告宣传，使本单位在以后的运作中，努力通过在全国各大城市推广"某某"牌蛙产品，让具有绿色、优质、风味独特三大优势的野味绿色肉制品，满足人们日益提高的物质生活需要，以此带动当地新的食用蛙养殖业发展，成为新的区域经济龙头企业。

第三节　成本核算

生产成本是衡量生产活动最重要的经济尺度。它能反映生产设备的利用程度、劳动组织的合理性、饲养管理技术的好坏、种蛙生产性能潜力的发挥程度，说明养殖场的经营管理水平。通过成本核算可以考核养食用蛙生产中的各项消耗，分析各项消耗增减的原因，从中寻找降低成本的途径，以低廉的价格参与市场竞争。

一、生产成本的分类

（1）固定成本　养殖场（户）必须有固定资产，如圈舍、饲养设备、运输工具及生活设施等。固定资产使用年限长，其价值逐渐转移到蛙产品中，以折旧方式支付，这部分费用和土地租金、基金贷款和利息、管理费用等，组成固定成本。

（2）可变成本　也称流动资金，是指生产单位在生产和流通过程中使用的资金。其特性是参加一次生产过程就被消耗掉，例如：饵料、兽药、燃料、蝌蚪等成本。之所以叫可变成本，就是因为它随生产规模、产品的产量而变。

二、成本项目与费用

（1）饵料费　指饲养蝌蚪、幼蛙和成蛙直接消耗的配合饵料、动物活性饵料、各类添加剂、维生素等的费用。

（2）工资　指直接从事食用蛙生产人员的工资、奖金及福利等费用。

（3）固定资产折旧　指食用蛙养殖应负担的并能直接记入的养殖池、设备设施等固定资产基本折旧。建筑物使用年限较长，一般 15～20 年折清；专用机械设备使用年限较短，7～10 年折清。

（4）固定资产维修费　指上述固定资产所发生的一切维护保养和修理费用。

（5）医药费　指各用于蛙病防治的疫苗、药品及化验等费用。

（6）其他费用　如燃料和动力费、贷款利息、低值易耗物品费等。

第四节 利润核算

养殖场（户）生产不仅要获得量多质优的蛙肉、蝌蚪、商品蛙和种蛙，更主要的为得到较高的利润。利润是用货币表现在一定时期内，全部收入扣除成本费用和税金后的余额，它是反映蛙场经营状况好坏的一个重要经济指标。利润核算包括利润额和利润率的核算。

一、利润额

利润额是指养殖场利润的绝对数量，分为总利润和产品销售利润。总利润是指养蛙场在生产经营中的全部利润，产品销售利润是指产品销售收入时产生的利润。

销售利润＝销售收入－生产成本－销售费用－税金

总利润＝销售利润±营业外收支净额

二、利润率

因养殖场规模不同，以利润额的绝对值难以反映不同养蛙场的生产经营状况。而利润率为相对值，可以比较，可真实反映不同蛙场的经营状况。用利润率与资金、产值、成本进行比较，可从不同角度反映养殖场的经营状况。①资金利润率：为总利润与占用资金的比率。它反映养蛙场资金占用和资金消耗与利润的比率关系。在保证生产需要的前提下，应尽量减少资金的占用，以获得较高的资金利润率。②产值利润率：为年利润总额与年产值总额的比率。它反映了养蛙场每百元产值实现的利润，但不能反映养蛙场资金消耗和资金占用程度。③成本利润率：指利润总额与总成本的比率关系。反映了每百元生产成本创造了多少利润，比率高表明经济效果好，但没有反映全部生产资金的利用效果，养蛙场拥有的全部固定资产中未被使用和不需用的设备也未得到反映。

第五节　养殖场的预计收益

食用蛙养殖场按照养殖规模大小，所预算的引种费、饵料、工资、水电及其他开支，可估算出生产成本，并结合产品的销售量及产品上市的估计售价，进行预期收益核算。以石蛙为例，石蛙具有丰富营养价值和多种药用功效，在我国大部分地区民间有着传统的食用习惯。由于大量捕杀和人为环境的破坏，自然生长的棘胸蛙急剧减少，随着人民生活水平的不断提高，市场需求量增加，市场价格昂贵，现 120～200 元/千克。某投资者经前期考察后决定办一个预计年产商品蛙 8 000～10 000 千克石蛙养殖场。项目建设规模如下：产卵池（1 个）10 平方米、蝌蚪池（10 个）10 平方米、幼蛙池（1 个）10 平方米、成蛙池 500 平方米、蝇蛆（作饵料用）培育池 600 平方米、蚯蚓（作饵料用）培育用地 600 平方米。

一、投资预算

（1）固定投入

场地租赁费用：每年 2 500 元，租赁 10 年，共计 25 000元。

养殖池建设费：产卵池 1 个，每个 10 平方米；蝌蚪池（兼孵化池）10 个，每个 10 平方米；幼蛙池 1 个，每个 20 平方米；成蛙池 1 个，500 平方米。总计需建养殖池 630 平方米，每平方米建设成本约 40 元，共计需投入 25 200 元。按使用寿命 10 年，每年折旧费用为 2 520 元。

饵料加工、职工宿舍、办公及科研用房费用：需改建饵料加工、职工宿舍、办公及科研用房 320 平方米，每平方米约需 350 元，共计需投入 112 000 元。按使用寿命 10 年，每年折旧费用 11 200 元。

围墙等防御屏障费用：需投入 20 000 元。按使用寿命 4 年，每年折旧费用 5 000 元。

饵料加工设备费用：需投入 4 000 元。按使用寿命 8 年，每年折旧费用 500 元。

固定投入共计需 182 600元。

（2）饵料投入

活动物性饵料原种引进费用：黄粉虫、蚯蚓、蝇蛆等养殖原种，需投入 10 000 元。按 5 年更换原种 1 次，每年需 2 000 元。每年生产黄粉虫 8 000 千克，需饵料费用 20 000 元；蚯蚓 6 000 千克，需饵料费用 1 800 元；蝇蛆 12 000 千克，饵料费用 1 200 元。

收购农户养殖蚯蚓作为饵料的费用：每年 28 800 元。

（3）工人工资　养殖工人 4 名，月工资 1 200 元，每年 57 600 元。

（4）其他活动资金　每年 12 000 元。

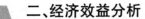

二、经济效益分析

（1）商品蛙销售收入　按每平方米最低放养商品蛙密度30只计，每只商品蛙体重到达150克上市销售，每年可出售商品蛙2 250千克。商品蛙按最低价每千克120元出售，共计收入270 000元。

（2）年纯利润　102 200元。

（3）效益分析　该项目在养殖后的第2年开始收益，第3年收回全部成本，第4年始每年利润达到102 200万元。

典型案例分析

第一节 案例一：只凭诱捕昆虫，
不补充饵料，蛙难吃饱

×地村民×某看到邻村的人养蛙赚了钱，自己也动起了心思，也想通过养蛙来增加经济收入。他通过熟人介绍到邻村有养蛙经验的农户家登门请教，学习养蛙经验，养过蛙的人告诉他，蛙是肉食性动物，喜欢采食各类昆虫，要想养好蛙，一定要有充足的或饵料来源，最好适当培育些活性动物饵料，再准备一些小鱼、小虾、动物内脏做饲料，加上适当数量的配合饵料，作好卫生消毒和防疫，就可以养好蛙。×某听了介绍，心里就开始盘算，自己家居农村，只要一出大门，道路两边、房前屋后、零星闲地、渠沟附近，到处都长有昆虫，以前村里有有人灯诱昆虫，现在村里没有人养蛙，田间地头、沟渠两旁野生的昆虫派不上用场，任凭一年四季自生自灭。他想，用这些野生昆虫养多少只蛙也都没有问题……经过几天的盘算后，就在几十里外的种蛙场买回了5 000多只幼蛙开始养殖，幼蛙小的时候食量有限，×某用捕来和灯诱来的昆虫饲喂，幼蛙还可以，天长日久，随着幼蛙日渐长大，采食量也增加了许多。×某一天到晚，清晨太阳没出来就开始劳作，傍晚，月上柳梢头还是马不停蹄、脚不沾地，累的汗流满面，干的筋疲力尽，捕来和诱的野生昆虫逐渐满足不了这5 000多幼蛙的采食需要，眼看着个个瘦弱的幼蛙，×某真的犯了愁……

点评：养蛙与饲养其他经济动物一样，它们之间有许多共性之处，如纯种繁育杂交改良，培育阶段要充分考虑的对温度、密度、湿度的要求，但在这里我们更要注意到蛙区别于其他动物的个性，特别是在对饵料的要求和喜好方面。还有一个重要的问题是在养蛙生产中，如果缺少天然饵料，可以培育活性动物饵料或驯食人工配合饵料。养蛙过程中无数经验表明，在蛙的饵料投喂上，可以因地制宜，因时制宜，因人制宜，因蛙（大小）制宜。

第二节　案例二：粗心存放饵料，日久 幼蛙中毒

某地一养蛙厂，新建的饵料库房打了水泥地面。又购买几吨饵料原料堆放在库房内。后因养蛙生产计划推迟，也未对存放的饵料原料及时抽查检验。几个月后，当开始加工饵料养蛙时，发现幼蛙有成批死亡现象，后经仔细分析，排除了其他因素，认定是原料发生霉变引起的幼蛙中毒，造成成批死亡。

点评："兵马未动，粮草先行"是中国历史军事战争谋略的经典之举，演而变之，发展养蛙生产，完全应该做到"蛙苗未到，先备饵料"。养蛙之前，经营者应该根据自身的企业定位、品种结构、养殖规模、出栏周期、饵料品种、可需数量，统筹做出仔细安排，但需要注意几个问题：①饵料及原

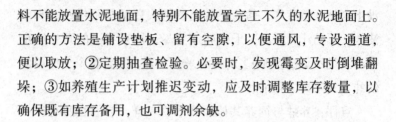

料不能放置水泥地面，特别不能放置完工不久的水泥地面上。正确的方法是铺设垫板、留有空隙，以便通风，专设通道，便以取放；②定期抽查检验。必要时，发现霉变及时倒堆翻垛；③如养殖生产计划推迟变动，应及时调整库存数量，以确保既有库存备用，也可调剂余缺。

第三节　案例三：种蛙雌雄比例失调，产卵量必低

　　××地一乡镇，看到别的地方养蛙能挣钱，便决定发展养蛙。开始由乡镇出面，组织一班人员"外出学习考察"，因"外出学习考察"的具体活动是"旅游观光"＋"项目考察"，其实质便会可能变成游山玩水，景区观光，而对项目考察敷衍了事，业务咨询漫不经心。结果是签订了向一家养蛙场购买3 000对种蛙的协议，"胜利"完成外出学习考察任务。后来，便修建养殖场，调回蛙苗，不分雌雄，不管品种，经过几个月的折腾，总还算有一个养蛙场。

　　春去秋来，3 000对种蛙不论怎样总还剩下2 000多对。期间，上级领导莅临，连连表扬；兄弟单位前来参观，赞不绝口。因为这个养蛙项目基本上只是个"形象工程"，既不算经济账，也没有认真进行雌雄鉴别，精确地计算安排蛙的雌雄比例。到了繁殖季节，2 000对种蛙产出800多个卵块，请专家来一看，整个蛙群绝大多数是雄蛙。

　　点评：这样会有3种结果：一是雌蛙少，产卵量少；二是会因雄蛙争着与雌蛙抱对影响雌蛙产卵；三是不按比例配置多余的雄蛙会造成饵料、场地、人工的浪费。

主要参考文献

［1］王风，等．食用蛙类的人工养殖和繁育技术［M］．北京：科学技术文献出版社，2011．

［2］李鹄鸣．经济蛙类生态学及养殖工程［M］．北京：中国林业出版社，1995．

［3］熊家军．特种经济动物生产学［M］．北京：科学出版社，2009．

［4］王春清，吕树臣．蛙类养殖新技术［M］．北京：金盾出版社，2013．

［5］谢忠明．经济蛙类养殖技术［M］．北京：中国农业出版社，1999．

［6］潘红平，陈伟超．怎样科学办好牛蛙养殖场［M］．北京：化学工业出版社，2012．

［7］陈德牛．蚯蚓养殖技术［M］．北京：金盾出版社，2008．

［8］原国辉．美国青蛙人工养殖技术［M］．郑州：河南科学技术出版社，2001．

［9.刘龙学，等．林蛙养殖［M］．第3版．北京：中国农业出版社，2014．

［10］费梁，叶昌媛，等．中国两栖动物检索及图解［M］．

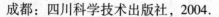
成都：四川科学技术出版社，2004.

[11] 于文会，佟庆. 林蛙生态养殖 [M]. 北京：中国农业
出版社，2012.

[12] 徐桂耀，等. 牛蛙养殖 [M]. 北京：科学技术文献出
版社，1999.

[13] 徐鹏飞，等. 石蛙高效养殖新技术与实例 [M]. 北京：
海洋出版社，2010.

[14] 李宜平. 蛤蟆油生产技术 [M]. 北京：中国农业出版
社，2004.

[15] 白利丹，李志满. 林蛙养殖关键技术问答 [M]. 北京：
中国农业出版社，2013.

[16] 王万东，冷春玲，王会芳. 食用蛙的卫生检验与处理.
中国动物检疫，2003，20（7）：28.

[17] 叶昌嫒，等. 中国珍稀及经济两栖动物 [M]. 成都：
四川科学技术出版社，1993.

[18] 刘兴斌、熊家军. 黄鳝健康养殖新技术 [M]. 广州：
广东科技出版社，2009.

[19] 潘红平，等. 蝇蛆高效养殖技术一本通 [M]. 北京：
化学工业出版社，2011.

[20] 马泽芳，等. 野生动物驯养学 [M]. 哈尔滨：东北林
业大学出版社，2004.

[21] 刘龙学，等. 林蛙养殖 [M]. 北京：中国农业出版
社，2005.

[22] 陈宗刚. 蟾蜍圈养与利用技术 [M]. 北京：科学技术
文献出版社，2009.

［23］原国辉. 牛蛙人工养殖［M］. 郑州：河南科学技术出版社，1995.

［24］王武. 鱼类增养殖学［M］. 北京：中国农业出版社，2000.

［25］孙乃钧. 林蛙南方养殖技术（修订版）［M］. 上海：上海科学技术出版社，2003.

［26］乔志刚. 美国青蛙养殖新技术［M］. 北京：气象出版社，1999.

［27］杨菲菲，熊家军，梁爱心. 泥鳅养殖管理技术精解［M］. 北京：化学工业出版社，2009.

［28］熊家军，等. 泥鳅健康养殖新技术［M］. 广州：广东科技出版社，2008.

［29］陈开健. 几种食用蛙的鉴别方法［J］. 内陆水产，2000.（9）：28.

［30］李正军. 养牛蛙［M］. 成都：四川科技出版社，2000.

［31］官少飞. 棘胸蛙与虎纹蛙养殖新技术［M］. 南昌：江西科学技术出版社，2009.